U1001449

分子生物学实验指导

主　　编　顾　青　宋达峰
编 委 会　（按姓氏笔画排序）
朱　帜　宋达峰　林二培　周　越
顾　青　徐庆刚　黄华宏　楼雄珍

浙江工商大学出版社
ZHEJIANG GONGSHANG UNIVERSITY PRESS

图书在版编目(CIP)数据

分子生物学实验指导 / 顾青，宋达峰主编. —杭州：浙江工商大学出版社，2014.2(2023.1 重印)

ISBN 978-7-5178-0432-1

Ⅰ. ①分… Ⅱ. ①顾… ②宋… Ⅲ. ①分子生物学—实验—教材 Ⅳ. ①Q7-33

中国版本图书馆 CIP 数据核字(2014)第 017847 号

分子生物学实验指导

主　编　顾　青　宋达峰

责任编辑　王黎明
封面设计　王好驰
责任印制　包建辉
出版发行　浙江工商大学出版社
(杭州市教工路 198 号　邮政编码 310012)
(E-mail：zjgsupress@163.com)
(网址：http://www.zjgsupress.com)
电话：0571-88904970，88831806(传真)
排　　版　杭州朝曦图文设计有限公司
印　　刷　广东虎彩云印刷有限公司绍兴分公司
开　　本　710mm×1000mm　1/16
印　　张　9
字　　数　153 千
版 印 次　2014 年 2 月第 1 版　2023 年 1 月第 2 次印刷
书　　号　ISBN 978-7-5178-0432-1
定　　价　25.00 元

前　言

当前分子生物学是生命科学中发展最为迅速、最为活跃的前沿科学之一，分子生物学实验技术几乎渗透到生命科学研究的所有领域，是生命科学研究不可缺少的技术。浙江工商大学的分子生物学实验室是由顾青教授回国后建立，由宋达峰博士着手设置课程并开设本科实验课，暑去寒来一晃已走过10个年头。在多年的教学活动中，我们感到面向应用型本科院校的生物相关专业的分子生物学实验教材还是比较缺乏。因此，我们联合江苏大学和浙江农林大学从事分子生物学教学工作的相关教师分工协作编写了这本教材。

本教材分为三个部分：基础分子实验、综合性实验和附录。基础实验部分主要内容为不同材料中DNA和RNA的制备、PCR扩增、电泳分析、核酸杂交、蛋白杂交。此外还安排了质粒DNA的提取、酶切、连接、转化、筛选和蛋白表达系列实验，这些都是分子生物学实验不可缺少的内容。综合性实验部分主要设计思路是给学生一个相对独立的模拟科研的探索机会，激发学生的科研兴趣让学生相互合作，尝试自己动手解决相关问题。同时也是对课程设计、课堂训练情况及学生学习情况的一种检验。书末的附录部分包括常用试剂和溶液的配制、实验室注意事项、常用数据等，供需要的读者参考。

在编写的过程中，我们参考了已出版的国内外分子生物学实验技术方面优秀的书籍。这里谨向所有为本书积累原始素材的学者们致以深深的谢意。参与本书编写的除了顾青、宋达峰、徐庆刚、林二培外，还有周越、黄华宏、楼雄珍、朱帜。林亚妮和梁佳丽等同学参与了编辑整理工作，浙江工商大学出版社编辑孙一凡同志作了大量的工作，在这里一并向他们表示由衷的谢意！本书由活跃在分子生物学实验第一线的青年教师和研究人员执笔，由于经验不足，书中难免有不足之处，敬请广大读者指正。

编　者

2013年11月于浙江工商大学出蓝园

分子生物学实验

目　录

第一部分　基础分子实验篇

第二部分　综合性实验篇

第三部分　附　录

第一部分

基础分子实验篇

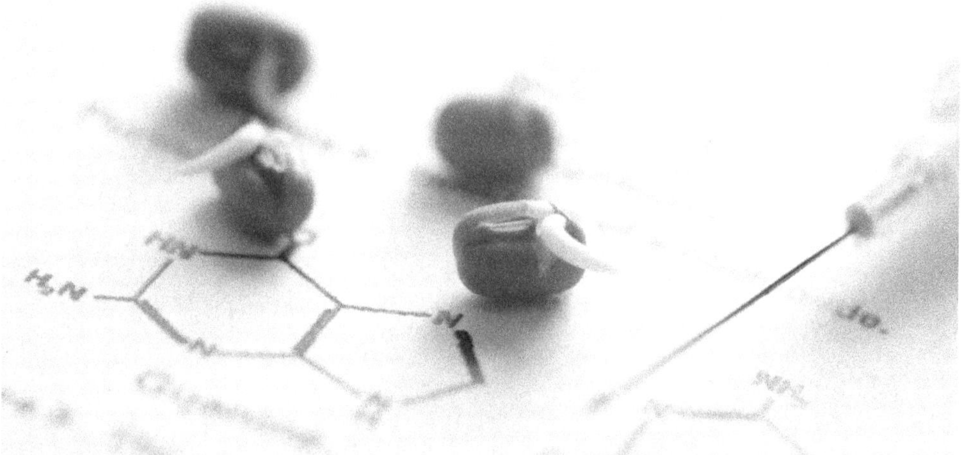

实验一

实验基础知识和基本技能培训

一、实验目的

1. 学习和掌握分子生物学实验的基本知识和技能。

2. 了解分子生物学实验中常用的仪器设备，熟悉常用玻璃器皿和耗材。

二、实验原理

通过多媒体、胶片、板书、实物演示等教学方式，让学生初步学习和掌握分子生物学实验的基本知识和基本技能，了解分子生物学实验常用仪器设备，熟悉常用玻璃器皿和耗材。

1. 分子生物学实验设备：

(1)温度控制系统：冰箱。4℃、−20℃、−70℃，用于样品、试剂和材料等的保存。

(2)恒温培养箱：细菌平板的培养。

(3)恒温空气摇床：菌体的培养。

(4)灭菌器：培养基、试剂、耗材等的灭菌。

(5)PCR 仪：PCR 扩增、保温实验等。

(6)恒温水浴及微量加热器：保证实验温度的恒定。

(7)电泳仪：电泳时提供电压和电流。

(8)电泳槽：核酸或蛋白质的电泳定性分析时的凝胶支架。

(9)凝胶成像系统：电泳结果的定性和定量分析。

(10)紫外分析仪：电泳结果的定性分析。

(11)台式高速冷冻离心机：样品的分离。

(12)分光光度计:样品的定量测定。

(13)超净工作台:提供洁净工作环境。

(14)电子天平:样品、试剂等的称量。

(15)pH 计:精确的 pH 值测定。

(16)移液器:液体试剂的精确取量。

(17)制冰机:保证操作过程中温度的恒定。

2.分子生物学基本技术:

(1)实验规范训练——仪器的操作。

要求:

①在未经培训前,不得擅自使用仪器。

②严格按操作规程使用仪器。

③有些仪器必须有教师在场时才能使用,并由教师操作。

④违反规定造成的后果由使用者承担。

(2)实验规范训练——量程的选择。

①电子天平。

②烧杯、量筒、容量瓶、试剂瓶。

③移液器。

(3)实验规范训练——标签。

①所用的器皿上一定要做标记。

②标签一定要贴到固定的位置。

③标签上应包括具体的名称、组别、实验班、日期。

(4)实验规范——实验操作。

①详细记录和分析实验结果并按时提交实验报告。

②实验中一定要处处用心,勤动手,多问为什么。

③仔细操作和观察。

④保留好每一步的实验样品,在确准的情况下才能当废液扔掉。

3.实验准备。

(1)清点和熟悉常用玻璃器皿和耗材等。

(2)洗涤本学期实验常用玻璃器皿。

(3)试剂配制。

①提取缓冲液：100 mmol/L Tris-HCl，pH 8.0；5 mmol/L EDTA，500 mmol/L NaCl，1.5% SDS，1 mol/L β-巯基乙醇。

②氯仿：按氯仿∶异戊醇＝24∶1 的体积比加入异戊醇即可。

③酚∶氯仿∶异戊醇(25∶24∶1)：按酚与氯仿∶异戊醇＝1∶1 的比例混合饱和酚与氯仿，即得酚∶氯仿∶异戊醇(25∶24∶1)。

④TE 缓冲液：10 mmol/L Tris-HCl(pH 8.0)、1 mmol/L EDTA。即 1 mL 1 mol/L Tris-HCl (pH 7.6～8.0)，200 μL 0.5 mol/L EDTA (pH 8.0)，用水补足 100 mL。

⑤1 mg/mL RNase A 母液：10 mg RNA 中加 100 μL 1 mol/L Tris-HCl，30 μL 5 mol/L NaCl，加水至 10 mL，在 100℃下保温 15 min，使 DNA 酶失活。然后室温条件下缓慢冷却后保存于－20℃。

⑥5 mol/L KAc、异丙醇、70% 乙醇。

(4)高温灭菌。

①LB 液体培养基。

②1.5 mL 离心管。

③枪头/组：1 mL 1 盒，200 μL 1 盒，20 μL 1 盒。

④培养皿：10/组。

⑤无菌水：100 mL/组。

⑥0.1 mol/L $CaCl_2$。

实验二

植物基因组DNA的提取

一、实验目的

1. 学习植物基因组 DNA 的制备原理和制备方法。

2. 熟悉应用分子生物学实验常用仪器。

二、实验原理

利用液氮对植物组织进行研磨，从而破碎细胞。细胞提取液中含有 SDS，裂解细胞使蛋白质变性沉淀，用酚氯仿抽提除去蛋白，上清溶液经乙醇沉淀，得到 DNA。

三、实验材料、仪器与主要试剂

1. 材料：

鲜嫩的西兰花或其他植物、液氮、陶瓷研钵，50 mL 离心管或 1.5 mL 离心管、枪头、药勺。

2. 设备：

冷冻高速离心机，台式高速离心机，水浴锅，移液器，电泳设备等。

3. 试剂：

(1)提取缓冲液：100 mmol/L Tris-HCl，pH 8.0；5 mmol/L EDTA，500 mmol/L NaCl，1.5% SDS，1 mol/L β-巯基乙醇。

(2)RNase A 母液。

(3)其他试剂：酚：氯仿：异戊醇(25：24：1)，氯仿，异丙醇，TE 缓冲液，70% 乙醇，灭菌 ddH_2O，5 mol/L KAc。

四、操作步骤

1. 植物组织裂解液抽提：

(1)取3～5克西兰花芽，剪碎，放到研钵中加液氮磨成粉状后立即倒入50 mL(1.5 mL)离心管中，加入20 mL (1 mL) 提取缓冲液，剧烈摇动混匀，60℃水浴保温30～60 min(时间长，DNA产量高)，不时摇动。

(2)加入5 mL (150 μL) 5 mol/L KAc，颠倒混匀冰浴静置20 min。

(3)室温下5 000 rpm离心20 min。

2. 植物基因组DNA纯化：

(1)取上清液于新离心管，用等体积酚：氯仿：异戊醇(25：24：1) 抽提（在通风情况下操作）。待分层后，12 000 rpm离心5 min。

(2)取上清液至干净离心管，加等体积氯仿抽提(在通风情况下操作)，12 000 rpm离心5分钟。

(3)仔细移取上清液至另一50 mL(1.5 mL)离心管，加入1倍体积预冷的异丙醇，混匀，室温下放置片刻即出现絮状DNA沉淀。

(4)12 000 rpm离心5 min，获得沉淀后，用70%酒精洗涤2～3次，风干沉淀。

3. 植物基因组DNA的溶解、检测和保存：

(1)在1.5 mL离心管中加入1 mL (100 μL) TE，DNA很快溶解于TE。

(2)加入5 μL RNase A (10μg/μL)，37℃，10 min，除去RNA (RNA对DNA的检测、分析一般无影响，可省略该步骤)。

(3)取2 μL DNA样品在0.8% Agarose胶上电泳，检测DNA的分子大小。同时取15 μL稀释20倍，测定OD_{260}/OD_{280}，检测DNA含量及质量。

五、实验结果

记录DNA浓度和电泳检查结果。

六、注意事项

1. 所有用品均需要高温高压以灭活残余的DNA酶。

2. 所有试剂均用高压灭菌双蒸水配制。

3. 用大口滴管或吸头操作，以尽量减小打断DNA的可能性。

4. 用上述方法提取的DNA纯度可以满足一般实验（如Southern杂交、PCR等）目的。如要求更高，可参考有关资料进行DNA纯化。

七、思考题

1. 如何才能从植物中制备大分子量的DNA？

2. 植物基因组DNA制备的原理是什么？

实验三

细菌基因组 DNA 的提取

一、实验目的

学习从细菌细胞中制备细菌基因组 DNA 的原理和方法。

二、实验原理

溶解细菌，用蛋白酶 K 消化以去除蛋白质。通过溴化十六烷三甲基铵选择性沉淀以去除细胞壁碎片、多糖和残余的蛋白。产生的上清液，经异丙醇沉淀，获取相对分子量高的 DNA。

三、实验材料、仪器与主要试剂

1. 材料：

大肠杆菌。

2. 设备：

水浴锅，高速冷冻离心机，台式离心机，电泳设备等。

3. 试剂：

CTAB/NaCl 溶液，氯仿：异戊醇(24：1)，酚：氯仿：异戊醇(25：24：1)，异丙醇，70% 乙醇，TE，10% SDS，蛋白酶 K (10 mg/mL 或粉剂)，5 mol/L NaCl。

四、操作步骤

1. 细菌基因组 DNA 抽提：

(1)取 5 mL 细菌过夜培养液，5 000 rpm 离心 10 min，去上清液。

(2)加 567 μL TE 悬浮沉淀，并加 30 μL 10% SDS，3 μL 20 mg/mL 蛋白酶 K，混匀，37℃保温 1 h。

(3)加 100 μL 5 mol/L NaCl，混匀。

(4)加 80 μL CTAB/NaCl 溶液，混匀，65℃保温 20 min。

(5)用等体积酚：氯仿：异戊醇(25：24：1)抽提，5 000 rpm 离心 10 min，将上清液移至干净离心管。

(6)用等体积氯仿：异戊醇(24：1)抽提，取上清液移至干净管中。

(7)加 0.6 倍体积异丙醇，颠倒混合，室温下静置 10 min，沉淀 DNA。

(8)1 000 rpm 离心 3 min 沉淀 DNA，弃上清，加入 1 mL 70%乙醇漂洗。

(9)弃乙醇，并在超净台中将乙醇挥发，重新溶解 DNA 于 50 μL 水中，－20℃保存。

2. 基因组 DNA 的检测：

上述方法得到的 DNA 一般可以用作 Southern、RFLP、PCR 等分析。由于所用材料的不同，得到的 DNA 产量及质量均不同，有时 DNA 中含有酚类和多糖类物质，会影响酶切和 PCR 的效果。所以获得基因组 DNA 后，均需检测 DNA 的产量和质量。

(1)DNA 溶液稀释 20～30 倍后，测定 OD_{260}/OD_{280} 比值，明确 DNA 的含量和质量。

(2)取 2～5 μL 在 0.8% Agarose 胶上电泳，检测 DNA 的分子大小。

(3)取 2 μg DNA，用 10 单位(U)*Hind* Ⅲ酶切过夜，0.8% Agarose 胶上电泳，检测能否完全酶解(做 RFLP、DNA 必须完全酶解)。

3. 如果 DNA 中所含杂质多，不能完全酶切，或小分子 DNA 多，影响接续的分析和操作，可以用下列方法处理：

(1)选用幼嫩植物组织，可减少淀粉类的含量。

(3)酚：氯仿再次抽提，去除多糖和蛋白质。

(3)Sepharose 柱过滤，去除酚类、多糖和小分子 DNA。

(4)CsCl 梯度离心，去除杂质，分离大片段 DNA(可用作文库构建)。

五、实验结果

记录DNA浓度和电泳检查结果。

六、思考题

如何才能从细菌细胞中制备大分子量的DNA?

实验四
动物基因组DNA的提取

一、实验目的

了解并掌握提取动物基因组DNA的原理和步骤。

二、实验原理

制备动物基因组DNA是进行基因结构和功能研究以及基因诊断的重要步骤，通常要求得到的片段长度不小于100～200 kb。在DNA提取过程中应尽量避免使DNA断裂和降解的各种因素，以保证DNA的完整性，为后续的实验打下基础。一般真核细胞基因组DNA有10^7～10^9 bp，可以从新鲜组织、培养细胞或低温冻存的组织细胞中提取。实验材料在EDTA以及SDS等试剂存在下，蛋白酶K消化细胞，随后用酚抽提可以得到哺乳动物基因DNA。通过这一方法获得的DNA不仅酶切后可用于Southern分析，还可用于PCR的模板、文库构建等实验。

三、实验材料、仪器与主要试剂

1. 材料：

(1)新鲜的小鼠肝脏组织。

(2)液氮，陶瓷研钵，50 mL离心管或1.5 mL离心管，枪头，药勺。

2. 设备：

冷冻高速离心机，台式高速离心机，水浴锅，移液器，电泳设备等。

3. 试剂：

(1)分离缓冲液：10 mmol/L Tris-HCl，pH 7.4；25 mmol/L EDTA，10 mmol/L

NaCl。

(2)10% SDS，蛋白酶 K(20 mg/L)，5 mol/L NaCl，3mol/L NaAc。

(3)其他试剂：酚：氯仿：异戊醇(25：24：1)，氯仿，异丙醇，TE 缓冲液，70% 乙醇，ddH_2O。

四、操作步骤

1. 组织裂解液抽提：

(1)剪取小鼠肝脏组织 5g，剪碎放入研钵。

(2)导入液氮，磨成粉末，加入 10 mL 分离缓冲液。

(3)加入 1 mL 10% SDS，混匀，此时样品变得很黏稠。

(4)加 50 μL 蛋白酶 K，37℃ 保温 1 h，直到组织完全解体。

(5)加 1 mL 5 mol/L NaCl，混匀，5 000 rpm 离心 1 min。

(6)取上清液于新的离心管，用等体积酚：氯仿：异戊醇抽提。待分层后，5 000 rpm离心 1 min。

(7)去上清液至新离心管中，加 1/10 体积 3 mol/L NaAc，再加入 2 倍体积的乙醇，颠倒混合，沉淀 DNA。

(8)−20℃静置 30 min，4℃ 12 000 rpm 离心 5 min，弃去乙醇。

(9)加入 1 mL 70%乙醇，洗涤沉淀，4℃ 12 000 rpm 离心 1 min，弃去乙醇。

(10)待乙醇挥发完全，加入 50 μL ddH_2O，−20℃ 保存。

五、实验结果

记录 DNA 浓度和电泳检查结果。

六、注意事项

1. 所有用品均需要高温高压以灭活残余的 DNA 酶。

2. 所有试剂均用高压灭菌双蒸水配制。

3. 用大口滴管或吸头操作，以尽量减小打断 DNA 的可能性。

4. 用上述方法提取的 DNA 纯度可以满足一般实验（如 Southern 杂交、PCR 等）目的。如要求更高，可参考有关资料进行 DNA 纯化。

七、思考题

1. 如何防止 DNA 的降解？
2. 蛋白酶 K 和 RNase 的作用是什么？

实验五

植物细胞总 RNA 的制备

一、实验目的

通过本实验学习从植物组织中提取 RNA 的方法。

二、实验原理

RNA 是一类极易降解的分子，要得到完整的 RNA，必须最大限度地抑制提取过程中内源性及外源性核糖核酸酶对 RNA 的降解。高浓度强变性剂异硫氰酸胍，可溶解蛋白质，破坏细胞结构，使核蛋白与核酸分离，失活 RNA 酶，使 RNA 从细胞中释放出来时不被降解。细胞裂解后，除了 RNA，还有 DNA、蛋白质和细胞碎片，通过酚、氯仿等有机溶剂处理得到纯化、均一的总 RNA。

三、实验材料、仪器与主要试剂

1. 材料：

(1)鲜嫩的烟草幼苗，在黑暗环境中放置 24 h，可降低材料中淀粉含量。

(2)液氮，陶瓷研钵，50 mL 离心管或 1.5 mL 离心管，枪头，药勺。

2. 设备：

冷冻高速离心机，台式高速离心机，水浴锅，移液器，电泳设备等。

3. 试剂：

(1)RNA 变性缓冲液：4 mol/L 异硫氰酸胍，25 mmol/L 柠檬酸钠 pH 7.0，0.1 mol/L β-巯基乙醇，0.5%(W/V)十二烷基肌氨酸钠。

(2)2 mol/L 醋酸钠(pH 4.0)：10 mL。

(3)水饱和酚(pH 3.5):100 mL。

(4)酚∶氯仿∶异戊醇(25∶24∶1),异丙醇,70%乙醇。

(5)DEPC 处理的灭菌双蒸水。本实验中所有试剂均用无 RNA 酶灭菌水,用将高温烘烤的玻璃瓶(180℃ 2 h)装蒸馏水,然后加入 0.1%的 DEPC(体积/体积),处理过夜后高压灭菌而得到。

四、操作步骤

1. 实验前 1 天保存在暗室的烟草小苗,剪取 1.2 g 幼叶。放入研钵,在液氮中研磨成粉末状,按 1 g 叶片加入 2.5 mL 变性液的比例,加入变性液。

2. 取 600 μL 混合液,移入 1.5 mL 离心管,加入 60 μL 2 mol/L 醋酸钠。

3. 加入 660 μL 酚∶氯仿∶异戊醇混匀,冰上放置 15 min。

4. 4℃ 12 000 rpm 离心 20 min,移取 500 μL 上清至一新的离心管。

5. 加入 500 μL 异丙醇,混匀后置于−20℃ 静置 30 min。

6. 4℃ 10 000 rpm 离心 20 min,弃上清。加入 1 mL 70%乙醇洗涤沉淀。

7. 4℃ 10 000 rpm 离心 3 min,弃上清。待乙醇挥发后,加入 50 μL DEPC 水,获得 RNA 初提物,−80℃保存。

五、实验结果

记录 RNA 浓度和电泳检查结果。

六、注意事项

1. 在研磨过程中,利用液氮使组织保持冰冻状态。

2. RNA 酶是一类生物活性非常稳定的酶类,除了细胞内源 RNA 酶外,外界环境中均存在 RNA 酶,所以操作时应戴手套,并注意时刻换新手套。

七、思考题

1. 从植物材料中制备高质量的RNA最关键的因素是什么？

2. 从新鲜材料和冻存材料中提取RNA有无明显区别？

实验六

细菌细胞总 RNA 的制备

一、实验目的

学习从细菌中分离 RNA 的原理和方法。

二、实验原理

从细菌中分离 RNA 的过程包括裂解细胞和随后分离 RNA，并去除污染的 DNA 和蛋白质。下面介绍的方法裂解策略各有不同，如革兰氏阴性菌是用蔗糖/去污剂或溶菌酶进行化学降解，而革兰氏阳性菌则是用超声波破碎胞壁，然后采用酶降解、有机溶剂抽提和乙醇或盐沉淀的方法将 RNA 与其他细胞成分分离，同时使用一些 RNA 酶活性抑制剂(如 DEPC)。

1. 革兰氏阴性菌 RNA 的分离：

在大肠杆菌或其他革兰氏阴性菌 RNA 的分离中，先用溶菌酶破坏细胞壁，再用去污剂裂解余下的原生质体，裂解液中加有 RNA 酶抑制剂 DEPC。然后加入盐沉淀去污剂、蛋白质和染色体 DNA，并经离心除去，上清液中的主要成分为 RNA，经乙醇沉淀回收。用这种方法制备的 RNA 含有少量 DNA 和蛋白质，但是可用于大部分 RNA 分析实验。

2. 革兰氏阳性菌 RNA 的分离：

从革兰氏阳性菌中分离 RNA，首先是超声波破碎细胞壁，接着用去污剂裂解胞膜以及蛋白酶消化降解细胞蛋白质，然后用有机溶剂抽提和乙醇沉淀获得总核酸，再用酶去除 DNA 和纯化 RNA。

三、实验仪器、材料与主要试剂

1. 仪器：

SorvallSS-34 转头，微型探头超声破碎仪，高速冷冻离心机，恒温水浴锅等。

2. 材料：

10 mL 革兰氏阴性菌培养液、10 mL 细菌培养液。

3. 试剂：

(1)50 mg/mL 溶菌酶、5 mol/LNaCl、无水 70%乙醇，冰冷。

(2)原生质体缓冲液(15 mmol/L Tris-HCl，pH 8.0，0.45 mmol/L 蔗糖，8 mmol/L EDTA，1.5% SDS，4℃储存)。

(3)革兰氏阴性菌裂解缓冲液(10 mmol/L Tris-HCl，pH 8.0，10 mmol/L NaCl 1 mmol/L 柠檬酸钠，1.5% SDS，室温下储存)。

(4)饱和 NaCl(100mL DEPC 处理水溶解 40 g NaCl，搅拌直到溶液达饱和)。

(5)裂解缓冲液(300 mmol/L Tris-HCl，pH 7.4，100 mmol/L NaCl，5 mmol/L EDTA，1%SDS，室温下储存，使用前加蛋白酶 K 至浓度为 100 μg/mL)。

(6)酚：氯仿：异戊醇(25：24：1)、氯仿：异戊醇(24：1)。

(7)DNA 酶消化缓冲液(20 mmol/L Tris-HCl，pH 8.0，10 mmol/LNaCl，1 mmol/L 柠檬酸钠，1.5%SDS，室温下储存)。

(8)2.5 mg/mL 无 RNA 酶的 DNA 酶 I、TE 缓冲液(10 mmol/L Tris-HCl，pH 8.0，1 mmol/L EDTA)。

四、实验步骤

革兰氏阴性菌 RNA 的分离：

1. 裂解细菌：

(1)4℃以 10 000 rpm 离心 10 min 收集 10 mL 革兰阴性菌培养液。

(2)重悬细菌与 10 mL 原生质体缓冲液中，加 80 μL 50 mg/mL 溶菌酶，冰浴 15 min。

(3)在4℃以下7 000 r/min离心5 min,收集原生质体。

(4)重悬于0.5 mL革兰氏阴性菌裂解缓冲液中,加15 μL DEPC,温和震荡混合,置微量离心管中(此时裂解液应变清亮和黏稠,避免过度振摇打断DNA)。

(5)37℃温育5 min。

2.分离回收RNA:

(1)冰上冷却,加250 μL饱和NaCl,上下颠倒混合,应形成大量沉淀物(沉淀中含SDS、蛋白质和DNA)。

(2)冰浴10 min,室温或4℃高速离心10 min。

(3)转移上清液到2个干净的微量离心管中,每管加1 mL冰冷无水乙醇,置于冰上沉淀30 min或−20℃过夜。

(4)4℃高速离心15 min。

(5)用500 μL冰冷70%乙醇洗涤沉淀,然后在空气中晾干,用100 μL DEPC处理水重新溶解RNA。取10 μL稀释到1 mL并测OD_{260}和OD_{280}定量,−70℃储存剩余RNA。

革兰氏阳性菌RNA的分离:

1.裂解细菌:

(1)在4℃以10 000 rpm离心10 min,收集10 mL细菌培养液。

(2)重悬细胞于0.5 mL裂解缓冲液中,转至微量离心管,在干冰上冰冻。

(3)融化细胞,然后用微型探头超声破碎仪处理3次共10 s,功能率设定约为30 W。裂解充分后,细胞悬液应清亮,必要时可再次超声处理。

(4)37℃温育60 min,消化细菌蛋白质。

2.分离和回收RNA:

(1)加等体积酚:氯仿:异戊醇(25:24:1),室温下高速离心5 min,回收上层水相到一干净微量离心管中。

(2)用等体积酚:氯仿:异戊醇(25:24:1),再抽提一次,然后再用等体积氯仿:异戊醇(24:1)抽提一次。

(3)每400 μL水相加15 μL 5mol/LNaCl,再在离心管中加满冰冷无水乙醇,混合后水浴15~30 min或置于−20℃过夜。

(4)在4℃离心15 min沉淀RNA,用500 μL冰冷70%乙醇洗涤沉淀物,然后在空气中晾干。

(5)用95 μL DNA酶消化缓冲液重悬沉淀,加4 μL 2.5mg/mL无RNA酶的DNA酶Ⅰ,37℃温育60 min。

(6)用酚:氯仿:异戊醇(25:24:1)抽提一次,回收水相,在剩下的有机相中加100 μL TE缓冲液,充分混合后室温高速离心5 min回收并集中两次水相。

(7)再用氯仿:异戊醇(24:1)抽提一次。

(8)在水相加10 μL 5mol/LNaCl,混合后再加600 μL无水乙醇,-20℃沉淀过夜或在干冰/乙醇沉淀15 min,在4℃高速离心15~30 min,收集RNA沉淀。

(9)用50 μL冰冷70%乙醇洗涤沉淀然后在空气晾干,用100 μL DEPC处理水重新溶解RNA。取10 μL稀释到1 mL测OD_{260}和OD_{280},-70℃储存剩余RNA或以乙醇沉淀的形式-20℃储存。

五、注意事项

1. DEPC为可疑致癌物,应戴手套仔细操作。

2. ATA如接触到皮肤,眼睛或吸入呼吸道会产生刺激。

3. VRC如不慎吸入或吞服也会危害人体,因此均应在良好通风条件下操作并避免接触皮肤。

4. 注意所用的水和所有其他溶液均应用DEPC处理以抑制RNA活性。

六、实验结果

记录RNA浓度或电泳结果。

七、思考题

革兰氏阴性菌RNA的分离与革兰氏阳性菌RNA的分离的差别是什么?

实验七

动物细胞总 RNA 的制备

一、实验目的

1. 学习动物 RNA 的制备原理和制备方法。

2. 掌握提取猪肝 RNA 的操作技术。

二、实验原理

细胞内大部分 RNA 均与蛋白质结合在一起，并且多以核蛋白的形式存在。因此，分离制备 RNA 时，首先必须使 RNA 与蛋白解离，并除去蛋白质。由于 RNA 的种类来源和存在形式不同，所用的制备方法各异，动物组织中以肝脏器官 RNA 含量较为丰富。本实验就是将猪肝组织在含有 4 mol/L 硫氰酸胍的变性液中匀浆，匀浆液依次与 2 mol/L 乙酸钠(pH 4.0)、酚和氯仿、异戊醇混合，混合液离心后的上清液水相中含有总 RNA，而交界面和有机相中分别含有蛋白质和 DNA。RNA 经异丙醇沉淀并重新溶解于变性液(含 4 mol/L 硫氰酸胍)中，然后再用异丙醇沉淀，最后用 75%乙醇洗涤。

三、实验材料、仪器与主要试剂

1. 材料：

(1)鲜嫩的猪肝。

(2)陶瓷研钵，1.5 mL 离心管，枪头，药勺。

2. 设备：

冷冻高速离心机，台式高速离心机，水浴锅，移液器，电泳设备等。

3. 试剂：

(1)变性液：4 mol/L 硫氰酸胍，25 mmol/L 柠檬酸钠(pH 7.0)，0.1 mol/L β-巯基乙醇，0.5 % Sarkosyl。

(2)配制储存液：293 mL 水、17.6 mL 0.75 mol/L 柠檬酸钠(pH 7.0)、26.4 mL 10% Sarkosyl 溶液，加入 250 g 硫氰酸胍，60～65℃搅拌溶解。储存液室温下可存放 3 个月。使用时取 50 mL 储存液，加 0.35 mL 2-ME 即为工作液，这种变性工作液可在室温下存放 1 个月。

(3)2 mol/L 乙酸钠，pH 4.0(在 40 mL 水和 35 mL 冰乙酸中加 16.42 g 无水乙酸钠，用冰乙酸调节 pH 值至 4.0，最后用水定容至 100 mL。最终溶液的钠离子浓度为 2 mol/L)。

(4)水饱和酚、氯仿：异戊醇(49：1)(V/V)、100%异丙醇、75%乙醇(用 DEPC 处理水制备)、0.5% SDS，DEPC 处理。

四、操作步骤

1. 取 1 g 肝脏组织，加入 10 mL 变性液，用匀浆器匀浆。

2. 将 1 mL 匀浆液转入 5 mL 离心管中，加 0.1 mL 2 mol/L 乙酸钠 pH 4.0，颠倒混匀。加 1 mL 水饱和酚，充分混匀。再加 0.2 mL 氯仿：异戊醇(49：1)，混合后冰浴放置 20 min。

3. 4℃ 10 000 rpm 离心 10 min。将上层水相转入一新离心管中。加入 1 mL 异丙醇，−20℃ 静置 30 min，沉淀 RNA。4℃ 10 000 rpm 离心 10 min，弃上清。加入 4 mol/L LiCl，振荡洗涤沉淀，5 000 rpm 离心 5 min，弃去溶液。

4. 用 0.3 mL 变性液溶解 RNA，加入 0.3 mL 异丙醇，−20℃ 静置 30 min，沉淀 RNA。4℃ 10 000 rpm 离心 10 min，弃上清。

5. 重悬 RNA 沉淀于 75%乙醇中，振荡，温浴 10 min。10 000 rpm 离心 5 min，弃上清，干燥 RNA 使乙醇充分挥发。室温下加入 50 μL DEPC 水溶解 RNA，−80℃保存。

五、实验结果

记录 RNA 浓度和电泳检查结果。

六、注意事项

1. 所有用品均需 DEPC 处理并要高温高压灭菌，以灭活残余的 RNA 酶。
2. 操作时避免环境中 RNA 酶污染实验材料。

七、思考题

1. 如何才能从动物肝脏中制备完整的 RNA？
2. RNA 制备的原理是什么？

实验八

PCR 扩增中 DNA 模板的制备

一、实验目的

了解模版的制备用途，掌握模版的制备方法。

二、实验原理

模板的取材主要依据 PCR 扩增对象。病原体标本有病毒、细菌、霉菌、分枝杆菌、螺旋体、立克次体、支原体等。病原生理标本有组织、体外培养的细胞、血液、绒毛、羊水细胞、口腔上皮细胞、尿样，还有法医学标本如血斑、精液等。模版制备方法多种多样，主要是根据模版来源选用适当方法。在制备 RNA 模板时，要注意防止 RNA 降解。DNA 模版的制备相对较容易一些，有的样品直接煮沸 10 min 即可用于 PCR；有的样品需要经 SDS 和蛋白酶 K 处理；有些难以破碎的细菌，则需要加溶菌酶和 EDTA 处理。所得 DNA 常用酚∶氯仿∶异戊醇抽提纯化，再用乙醇沉淀。

三、实验仪器与主要试剂

1. 仪器：

分光光度计，50℃水浴锅，橡皮刮，透析袋。

2. 试剂：

胰酶，Tris 缓冲盐溶液，TE 缓冲液，100 μg/mL 蛋白酶 K，0.5%SDS，苯酚，氯仿，异戊醇，50 mmol/L Tris-HCl (pH 8.0)，10 mmol/L NaCl，RNaseA，1 mmol/L EDTA。

四、实验步骤

1.从培养的细胞中提取DNA。

(1)吸取培养液,用4℃预冷的Tris缓冲盐溶液洗细胞1次。

(2)胰酶消化收集细胞,或用橡皮刮把细胞从培养瓶壁上刮下,将细胞悬浮在少量(约0.5 mL)4℃预冷的TE中。

(3)用10倍体积的破碎细胞液(0.5 mol/EDTA,pH 8.0,100 μg/mL蛋白酶K,0.5%SDS,混匀后,37℃过夜,或50℃水浴保温3 h)。

(4)用等体积的酚抽提一次。2 500 rpm离心,收集水相,用1/2体积的TE缓冲液饱和酚加1/2体积的氯仿/异戊醇抽提一次。2 500 rpm离心收集水相。等体积氯仿/异戊醇抽提一次。

(5)收集水相,装入透析袋(透析袋处理:先放在2%碳酸氢钠、1 mmol/EDTA溶液中煮沸10 min,重蒸水冲洗后再在重蒸水中煮沸10 min。存放在50%乙醇或重蒸水中,4℃保存。使用前用透析液冲洗透析袋内壁)放入透析液中(50 mmol/L Tris-HCl,pH 8.0,10 mmol/L EDTA,10 mmol/L NaCl),4℃过夜。

(6)吸出DNA溶液,加入RNaseA到终浓度为100 μg/mL,置37℃温育3 h。

(7)加SDS至终浓度为0.5 %,然后加蛋白酶K至100 μg/mL,37℃过夜,或50℃ 3 h。

(8)酚∶氯仿∶异戊醇、氯仿∶异戊醇各抽提一次。

(9)透析,4℃过夜。换1～2次透析液,透析液为10 mmol/L Tris-HCl,pH 8.0,1 mmol/L EDTA。

(10)用分光光度计测定透析液的OD_{280},读数要小于0.05,否则再换新鲜透析液进行透析,以除去酚等杂质。

(11)测定DNA溶液的OD_{260}和OD_{280}值,OD_{260}/OD_{280}应大于1.8,比值偏低表明制备物中蛋白质含量偏高。在这种情况下,重复实验步骤(8)～(11)。

(12)计算DNA浓度(OD_{260}=1时,溶液所含DNA约为50 μg/mL),通过电泳分析一小份样品。以鉴定DNA有无降解,初步测定DNA的相对分子质量。

2.从组织中提取DNA。

(1)把组织块剪碎,放在液氮中。

(2)把冻成硬粒的组织块放入不锈钢制的捣碎器中，加液氮，把组织块捣碎成粉末状。

(3)待液氮挥发后，加入少量预冷的TE，要防止组织碎块聚结成团，尽可能地制成细胞悬液。

(4)如果是肝脏等组织，可直接用匀浆器(管)制成匀浆，悬浮在TE中，只是在匀浆时，应注意将匀浆置于冰内。

(5)按照从培养细胞中提取DNA方法的步骤提取DNA。

3. 高相对分子质量DNA的小量快速制备。

(1)将细胞悬液浓度调整为1×10^6/mL，取0.5 mL转入Eppendorf管内，3 000 rpm离心5 min，弃上清。

(2)将细胞悬于0.5 mL TES(150 mmol/L NaCl，10 mmol/L Tris-HCl，pH 7.5，1 mmol/L EDTA)中，加入10 % SDS 0.1 mL，置室温5 min。

(3)加入等体积酚∶氯仿∶异戊醇，抽提一次。然后再用氯仿∶异戊醇抽提一次。

(4)将上层水相转入另一Eppendorf管，加入1/10体积的3 mol/L NaAc (pH 5.2)，2倍体积的无水乙醇，混匀后即可见团状DNA沉淀。

(5)10 000 rpm离心1 min，弃上清液。

(6)将DNA溶于0.1 mL TE缓冲液，置－20℃保存。

4. 从血液制备模板DNA。

(1)取200 μL血置于含有50 μL 5 % EDTA的Eppendorf管中。

(2)12 000 rpm离心5 s，弃上清液。

(3)将细胞重新悬于50 μL溶液(10 mmol/L Tris-HCl，pH 7.6，5 mmol/L $MgCl_2$，150 mmol/L NaCl)中，12 000 rpm离心5 s，弃上清。

(4)重复步骤(3)2～3次。

(5)将细胞悬浮于100 μL重蒸水中，置沸水浴5 min。

(6)12 000 rpm离心5 min，除去细胞碎片。

(7)取上清液2～5 μL用于PCR扩增反应。

5. 从血斑制备模板DNA。

(1)将血斑剪碎，置于试管中。

(2)试管中加入1.8 mL溶液(0.15 mol/L NaCl，10 mmol/L Tris-HCl，pH 7.5，

1 mmol/L EDTA)，将碎片在溶液中浸泡 10 min。

(3)加入 180 μL 10 % SDS 和 25 μL 10 mg/mL 蛋白酶 K，于 50℃温育过夜。

(4)用 TE 缓冲液饱和氯仿/异戊醇各抽提两次。

(5)将水相转入新的 Eppendorf 管，用乙醇沉淀 DNA。

(6)离心回收 DNA 后，真空抽干 DNA。再将 DNA 溶于 TE 缓冲液(pH 8.0)中。

(7)取适量样品用于 PCR 扩增反应。

6.从口腔上皮细胞制备 DNA 模板。

(1)用 15 mL 0.85 % NaCl 液漱口 10 s，置液体于试管中。

(2)2 000 rpm 离心 10 min，弃上清。

(3)加 1 mL 溶液(0.15 mol/L NaCl，10 mmol/L Tris-HCl，pH 7.5，1 mmol/L EDTA)重新悬浮细胞，再加入 100 μL 10%SDS。

(4)置 55℃温育 2 h。

(5)用酚：氯仿：异戊醇和氯仿：异戊醇各抽提一次。

(6)用乙醇沉淀 DNA。离心回收 DNA 后，真空抽干 DNA。再将 DNA 溶于 TE 缓冲液(pH 8.0)中。

(7)取适量样品用于 PCR 扩增反应。

7.从尿样制备 DNA。

(1)取尿液 400 μL，12 000 rpm 离心 10 min。上清液转入新的 Eppendorf 管中，加入 10 % SDS 至终浓度 0.1 %，置 37℃温育 30 min。

(2)用饱和酚(酚：氯仿：异戊醇)、氯仿：异戊醇各抽提一次。

(3)将水相(40 μL)转入新的 Eppendorf 管，加入 5 μL 糖原(10 mg/mL)。用乙醇沉淀 DNA。离心回收 DNA 后，真空抽干 DNA。

(4)将 DNA 溶于 TE 缓冲液(pH 8.0)中，取适量样品用于 PCR 扩增反应。

8.从精斑制备模板 DNA。

(1)将精斑剪碎放入 Eppendorf 管中。

(2)加0.5 mL 溶液(0.15 mol/L NaCl，10 mmol/L Tris-HCl，pH 7.5，1 mmol/L EDTA)将碎片在溶液中浸泡 5 min。

(3)加入 120 μL 10 % SDS，然后加入蛋白酶 K(10 mg/mL)至终浓度 50 μg/mL，加入 1 mol/L DTT 至终浓度 40 mmol/L。

(4)将混合物置 50℃温育过夜。

(5)用饱和酚(酚：氯仿：异戊醇)和氯仿：异戊醇各抽提 1 次。

(6)将水相转入新的 Eppendorf 管,用乙醇沉淀 DNA。离心回收 DNA 后,真空抽干 DNA。

(7)将 DNA 溶于 TE 缓冲液(pH 8.0)中,取适量样品用于 PCR 扩增反应。

五、实验结果

记录并分析结果。

六、思考题

上述各种制备 DNA 模板的方法可以用于哪些方面的应用和研究?

实验九

PCR 扩增 DNA 片段

一、实验目的

1. 学习 PCR 方法体外扩增 DNA 的基本原理，掌握 PCR 技术的常规操作，了解 PCR 引物及参数的设计。

2. 利用 PCR 扩增的方法获取用于表达的目的基因以及 Southern 杂交的探针。

二、实验原理

聚合酶链式反应（Polymerase Chain Reaction），简称 PCR，是一种分子生物学技术，用于放大特定的 DNA 片段。可看作生物体外的特殊 DNA 复制。1985 年美国 Cetus 公司的 K. B. Mullis 等人设计并研究成功了一种体外核酸扩增技术 PCR（Polymerase Chain Reaction），这是 20 世纪 80 年代分子生物学资源领域的一项革命性突破，并荣获了 1993 年诺贝尔化学奖。该技术一问世，就在分子生物学、医学、生物工程、法医学、考古学等领域得到快速而广泛的应用，并且对已建立的基因克隆、DNA 序列分析等现代分子生物学技术的发展也起了巨大的推动作用。

将目的基因 DNA 在高温（94℃）下解链成为单链模板；人工合成的一对与目的基因两侧序列相互补的寡聚核苷酸引物在低温（30～60℃）下分别与变性的目的基因片段两侧的两条链的部分序列互补结合；在中等温度（65～75℃）下由耐热 DNA 聚合酶（Taq 酶）将 dNTP 中的脱氧单核苷酸加到引物 3′-H 末端，并以此为起点，沿着模板以 5′→3′方向延伸，合成一条新的互补链。新合成的 DNA 链的起点是由加入的引物在模板 DNA 链两端的退火位点决定的。由于 PCR 反应中，双链 DNA 高温变性成单链，引物与模板单链 DNA 低温退火（配对），适温下引物延伸三个步骤反复循环，每一循环所形成的DNA分子均能成为下一循环的模板，所以PCR的特定目的DNA产物以指数方式递增，在数小时内，经过30个循环后，理论上可使DNA扩增至10^9(10亿)倍。原来对单拷贝基因进行探测和分析时需用10 μg基因组DNA，现在可以减少到ng水平。PCR扩增的反应体系、循环参数的确定是非常重要的。

1. PCR反应体系。

(1)引物(primer)：设计和选择高效而特异性强的引物是PCR成败的关键。

引物是指两段与待扩增靶DNA序列侧翼片段具有互补碱基特异性的寡核苷酸(单链DNA片段)。引物包括上游引物和下游引物两种。当两段引物与变性双链DNA的两条单链DNA模板退火后，两引物的5′端即决定了扩增产物的两个末端位置，而扩增的片段长度等于两个引物间的序列片段长度。引物的长度大约为20～30个寡核苷酸，一般可以用DNA合成仪合成。根据统计学计算，长约17个碱基的寡核苷酸序列在人的基因组DNA(3×10^9 bp)中可能出现的概率为1次，因此只要引物不少于16个核苷酸，即能保证PCR扩增的序列特异性。如果引物过短，会产生非特异性结合，而过长会造成浪费。进行长片段PCR时，引物长度应增加为30～35个碱基。

(2)设计引物的原则。

要扩增模板DNA，首先要设计两条寡核苷酸引物，所谓引物。实际上就是两段与待扩增靶DNA序列互补的寡核苷酸片段，两引物间距离决定扩增片段的长度，两引物的5′端决定扩增产物的两个5′末端位置。由此可见，引物是决定PCR扩增片段长度、位置和结果的关键，引物设计也就更为重要。

引物设计的必要条件是与引物互补的靶DNA序列必须是已知的，两引物之间的序列未必清楚，这两段已知序列一般为15～20个碱基，可以用DNA合成仪合成与其对应互补的两条引物，除此之外，引物设计一般遵循的原则包括：

①引物长度一般最低不少于16个核苷酸，最高不超过30个核苷酸，最佳长度为20～24个核苷酸。这样短的寡核苷酸在聚合反应温度(通过72℃)下不会形成稳定的杂合体。有时可在5′端添加不与模板互补的序列，如限制性酶切位点或启动因子等，以完成基因克隆和其他特殊需要；引物5′端生物素标记或荧光标记可用于微生物检测等各种目的。

②(G+C)%含量引物的组成应均匀，尽量避免含有相同的碱基多聚体。两个

引物中(G+C)%含量应尽量相似,在已知扩增片段(G+C)%含量时宜接近于待扩增片段,一般以40%～60%为佳。

③引物内部应避免形成明显的次级结构,尤其是发夹结构(hairpin structures)。

④两个引物之间不应发生互补,特别是在引物3′端,即使无法避免,其3′端互补碱基也不应大于2个碱基,否则易生成"引物二聚体"或"引物二倍体"(Primer dimer)。所谓引物二聚体实质上是在DNA聚合酶作用下,一条引物在另一条引物序列上进行延伸所形成的与二条引物长度相近的双链DNA片段,是PCR常见的副产品,有时甚至成为主要产物。

另外,两条引物之间避免有同源序列,尤为连续6个以上相同碱基的寡核苷酸片段,否则两条引物会相互竞争模板的同一位点;同样,引物与待扩增靶DNA或样品DNA的其他序列也不能存在6个以上碱基的同源序列。否则,引物就会与其他位点结合,使特异扩增减少,非特异扩增增加。

⑤引物3′端配对DNA聚合酶是在引物3′端添加单核苷酸,所以引物3′端5～6个碱基与靶DNA的配对要求必须精确和严格,这样才能保证PCR有效扩增。

引物设计是否合理可用PCRDESN软件和美国PRIMER软件进行计算机检索来核定。人工合成的寡核苷酸引最好经过色谱(层析)纯化或PAGE纯化,以除去未能合成至全长的短链等杂质。纯化引物在25%乙腈溶液中4℃保存可阻止微生物的生长;一般情况下,不用的引物应保存在−20℃冰箱中,在液体中引物能保存6个月,冻干后可保存1～2年。

(3)底物dNTP(4种dNTP)。

dNTP原液可配成5～10 mmol/L并分装,−20℃贮存。一般反应中每种dNTP的终浓度为20～200 μmol/L。理论上4种dNTP,各20 μmol/L,足以在100 μL反应中合成2.6 μg的DNA。当dNTP终浓度大于50 mmol/L时可抑制Taq聚合酶的活性。PCR反应体现中,4种dNTP的浓度应该相等,以减少合成中由于某种dNTP的不足出现的错误掺入。

(4)Mg^{2+}。

Mg^{2+}浓度对Taq聚合酶影响很大,它可影响酶的活性和真实性,影响引物退火和解链温度,影响产物的特异性以及引物二聚体的形成等。通常Mg^{2+}浓度范围为0.5～2 mmol/L。对于一种新的PCR反应,可以用0.1～5 mmol/L的递增浓度的Mg^{2+}进行预备实验,选出最适的Mg^{2+}浓度。在PCR反应混合物中,应尽量减少有高浓度的带负电荷的基团，例如磷酸基团或 EDTA，以保证最适 Mg^{2+} 浓度。

(5)模板。

PCR 反应必须以 DNA 为模板进行扩增，模板 DNA 可以是单链分子，也可以是双链分子。就模板 DNA 而言，影响 PCR 的主要因素是模板的数量和纯度，一般反应中的模板数量对于单拷贝基因而言需要 0.1 μg 的人基因组 DNA，10 ng 的酵母 DNA，1 ng 的大肠杆菌 DNA。灵敏的 PCR 可从一个细胞，一根头发、一个孢子或一个精子提取的 DNA 中分析目的序列，模板量过多则可能增加非特异性产物。

(6)Taq DNA 聚合酶。

Taq DNA 聚合酶是从一种水生栖热菌(Thermusaquaticus)中分离提取的。这种嗜热真细菌，能在 70～75℃生长。该菌是 1969 年从美国黄石国家森林公园火山温泉中分离的。Taq DNA 聚合酶最初是由 H. A. Erlich 于 1986 年分离纯化得到。该酶基因全长2 496个碱基，编码 832 个氨基酸，酶蛋白分子为 94 kDa，其比活性为 200 000 U/mg。75～80℃时每个酶分子每秒钟可延伸约 150 个核苷酸，70℃延伸率大于 60 个核苷酸/s，55℃时为 24 个核苷酸/s。温度过高(90℃以上)或过低(22℃)都可影响 Taq DNA 聚合酶的活性，该酶虽然在 90℃以上几乎无 DNA 合成，但确有良好的热稳定性，在 PCR 循环的高温条件下仍能保持较高的活性。在 92.5℃、95℃、97.5℃时，PCR 混合物中的 Taq DNA 聚合酶分别经130 min，40 min 和 5～6 min 后，仍可保持 50%的活性，实验表明 PCR 反应时变性温度为 95℃ 20 s，50 个循环后，Taq DNA 聚合酶仍有 65%的活性。Taq DNA 聚合酶的热稳定性是该酶用于 PCR 反应的前提条件，也是 PCR 反应能迅速发展和广泛应用的原因。

(7)反应缓冲液。

一般含 10～50 mmol/L Tris-HCl (20℃下 pH 8.3～8.8)，50 mmol/L KCl 和适当浓度的 Mg^{2+}。另外反应液可加入 5 mmol/L 的二硫苏糖醇(DDT)或 100 μg/mL 的牛血清蛋白(BSA)，它们可稳定酶活性。各种 Taq DNA 聚合酶商品都有自己特定的一些缓冲液。

2. 循环参数。

PCR 扩增是由变性、退火(复性)和延伸 3 个步骤反复循环实现的，其中每一步骤的温度、时间以及循环次数等参数是非常重要的。

(1)变性(denaturatcon)，模板 DNA 变性即双链解链，温度和控制是非常重要的，变性是高温短时。一般为 94℃，30 s～1 min。对 GC 含量高的目的 DNA 序列，宜用较高的变性温度，若变性不充分，会影响 PCR 产物产量，反之过度变性(温度过高、时间过长)会加快酶的失活。目前 PCR 都加入一个 94℃、5 min 预变性反应。

(2)退火(annealing)，其温度和时间取决于引物的长度、碱基组成及在反应体系中的浓度，一般退火温度低于扩增引物的解链温度(melting temperature，Tm) 5℃。如 GC 含量约 50%，长 20 个碱基引物，其退火温度为 50℃。

$$Tm=4\times(G+C)+2\times(A+T)+35-2n(n\text{ 为引物的长度})$$

引物的寡核苷酸长度为 16～35 碱基，其中的 G+C 含量在 35%以上，此方法计算的 Tm 值适合于 70℃以下的情况。两个引物的 Tm 有差别时，则根据 Tm 低的一方引物 Tm 值设定退火温度。通常退火温度和时间为 37～55℃，1～2 min。

(3)延伸(extension)，在 Taq 酶(在 72℃左右，活性最佳)的作用下，以 dNTP 为原料，从引物的 3′端→5′端延伸，合成与模板互补的 DNA 链。每一循环经过变性、退火和延伸，DNA 含量即增加一倍。延伸步骤的时间取决于目的序列的长度，浓度和延伸温度，目的序列越长、浓度越高、延伸温度越低，则所需的延伸时间越长，反之所需时间则短。延伸时间过长会导致产物非特异性增加。一般在扩增反应完成后，都需要一步较长时间(10～30 min)的延伸反应，以获得尽可能完整的产物，这对以后进行克隆或测序反应尤为重要。现在有些 PCR 因为扩增区很短，即使 Taq 酶活性不是最佳也能在很短的时间内复制完成，因此可以改为两步法，即退火和延伸同时在 60～65℃间进行，以减少一次升降温过程，提高了反应速度。

(4)循环次数(cycle)，一般为 30 个(25～40 个)周期。如果循环次数过多(超过 40 次以上)会增加非特异性产物的量及其复杂度。此外 PCR 扩增时，反应物上面要加一层石蜡油，以减少 PCR 反应过程中的液体蒸发，有利于维持反应体系的热稳定和盐浓度。

PCR 技术特点是灵敏、简单、快速及特异性强，对样品纯度无特殊要求，已广泛用于基因克隆、基因诊断，DNA 序列多型性分析、构建 cDNA 文库等基因体外操作和基因分析。而且在临床医疗诊断、胎儿性别鉴定、癌症治疗的监控、基因突变与检测、分子进化研究以及法医学等诸多领域都有着重要的用途。

三、实验材料、仪器与主要试剂

1. 材料：

5 mL 离心管，枪头，药勺，0.2 mL Eppendorf 管，微量移液器，吸头，制冰机，冰盒，手套。

2. 设备：

PCR 扩增仪，低温离心机，微波炉，电泳槽，电泳仪，紫外灯检测仪。

3. 试剂：

(1)不同来源的模板 DNA，如染色体 DNA、RNA 或质粒 DNA。

(2)引物(10 μmol/L)，Taq 酶(5 U/μL)、10×缓冲液、$MgCl_2$(25 mmol/L)、dNTP(10 mmol/L)、双蒸水。

(3)DNA 相对分子质量标准参照物(Marker) (λ/*Hind*Ⅲ)、进口琼脂糖(Agarose)。

(4)TE 缓冲液：10 mmol/L Tris-HCl(pH 8.0)、1 mmol/L EDTA。

(5)6×上样缓冲液：0.5% 溴酚蓝(bromophenol blue，BPB)、40% 蔗糖、10 mmol/L EDTA(pH 8.0)，4℃保存。

(6)氯仿∶异戊醇＝24∶1(V/V)。

(7)苯酚∶氯仿∶异戊醇(PCI)：按苯酚与氯仿∶异戊醇＝1∶1 的比例混合饱和苯酚与氯仿，即得苯酚∶氯仿∶异戊醇(25∶24∶1)。

(8)其他试剂：3 mol/L 的 NaAc(pH 5.2)、预冷的无水乙醇、预冷 70% 乙醇、TE。

四、操作步骤

PCR 扩增 DNA。

1. 取一个 0.2 mL Eppendorf 管，在其中添加以下各种成分反应液。

反应液：

ddH_2O	65.5 μL
模板 DNA	5 μL(100～200 ng)

上游引物(10 μmol/L)	5 μL
下游引物(10 μmol/L)	5 μL
10×缓冲液	10 μL
$MgCl_2$(25 mmol/L.)	6 μL
dNTP mixture(10 mmol/L)	3 μL(各 20 nmol)
Taq 酶(5 U/μL)	0.5 μL(2.5 U)
	总体积 100 μL

2.稍作离心(如果是利用非热盖型的 PCR 仪器添加 30 μL 石蜡油于反应管中,防止样品水分的蒸发)。

3.将反应管放入 PCR 仪中,按下列条件设计好程序,进行 PCR 反应。

4.反应程序:

94℃条件下使模板 DNA 变性 5 min。

变性	94℃	1 min	30 循环
退火	55℃	1 min	
延伸	72℃	2.5 min	

最后在 72℃条件进行延伸 7～10 min。

5.PCR 反应结束(大约 3.5 h)后,取 5 μL 反应液用 0.8%琼脂糖凝胶进行电泳(用标准 λDNA/*Hind* Ⅲ作 Marker),鉴定 PCR 产物是否存在以及片段大小情况。

6.电泳确认后,将其余样品移至新的 1.5 mL Eppendorf 管中。

7.加入 200 μL TE 缓冲液,加入 300 μL 苯酚∶氯仿∶异戊醇,上下颠倒混匀,室温条件下 12 000 rpm 离心 5 min。

8.将上层水液转移到新的 Eppendorf 管中,然后添加 1/10 体积(约 30 μL)的 3 mol/L NaAc(pH 5.2)和 2.5 倍体积(约 0.75 mL)冰冷无水乙醇。

9.−20℃冰箱中放置 30 min 以上。

10.4℃条件下,12 000 rpm 离心 15 min。

11.弃上清液,添加 1 mL 冰冷 70%乙醇。

12.4℃ 12 000 rpm 离心 5 min。

13.弃上清液,将 Eppendorf 管倒置于吸水纸上,室温干燥 5～10 min。

14.30 μL TE 液溶解沉淀,电泳确认回收到 PCR 产物后,置于−20℃备用。

五、实验结果

电泳检查结果。

六、注意事项

1.设计的引物可以委托公司去合成。合成后拿到的引物DNA是粉末状附在离心管中。所以拿到引物后,须先离心后再开启,以免飞扬损失。然后加入适量的无菌 ddH_2O。

(1)每个引物的相对分子质量计算公式:

$Mr=(\#A\times313.21)+(\#G\times329.21)+(\#C\times289.18)+(\#T\times304.20)-61.96$

(#A即碱基A的个数,其余类推)。

(2)质量法近似计算:$Mr=$碱基个数$\times324.5$。

所以合成引物的微摩尔数/μmol= OD值×33/碱基数×324.5。

如拿到一管1OD的24个碱基的引物,即 33/24×324.5 =0.004 2(μmol)=4.2(nmol),所以只要加入420 μL的 ddH_2O 充分溶解就可以获得10 μmol/L浓度的引物。

2.PCR反应的灵敏度很高,为了防止污染,使用的0.2 mL Eppendorf管和吸头都必须是新的、无污染的,实验操作需戴上橡胶手套,操作应尽可能在无菌操作台中进行。

3.添加试剂前,应短促离心10 s。然后再打开管盖,以防手套污染试剂及管壁上的试剂污染吸头侧面。

4.使用工具酶的操作必须在冰浴条件下进行,使用后剩余的工具酶应立即放回冰箱中。

5.注意工具酶的加样次序为:水、缓冲液、DNA、酶,如将酶直接加入到10倍浓缩缓冲液中,会引起酶的严重失活。

6.应设含除模板DNA所有其他成分的阴性对照。

7. 实验操作务必小心，如弃上清液时注意不要将沉淀一同弃去。

8. 经苯酚：氯仿：异戊醇抽提、离心后吸取上清液时别把中间的白色层吸入，其中含有蛋白质等杂质。

七、思考题

1. PCR 扩增循环次数为什么以 30 次为宜？

2. PCR 扩增的原理是什么？

实验十

DNA 琼脂糖凝胶电泳

一、实验目的

琼脂糖凝胶电泳是检测核酸的常规方法，具有操作简便、经济快速等优点。本实验学习 DNA 琼脂糖凝胶电泳的操作，掌握琼脂糖凝胶电泳的原理。

二、实验原理

琼脂糖凝胶电泳以琼脂凝胶作为支持物，利用 DNA 分子在泳动时的电荷效应和分子筛效应，达到分离混合物的目的。DNA 分子在高于其等电点的溶液中带负电，在电场中向阳极移动。在一定的电场强度下，DNA 分子的迁移速率主要取决于分子本身的大小和构型，即分子筛效应。核酸分子中嵌入荧光染料（如 EB）后，在紫外灯下可观察核酸片段所在的位置。

影响核酸分子泳动率的因素主要是：

1. 样品的物理性状。

即分子的大小、电荷数、颗粒形状和空间构型。一般而言，电荷密度越大，泳动率越大。但是不同核酸分子的电荷密度大致相同，所以对泳动率的影响不明显。对线形分子来说，分子量的大小（bp）与泳动率成反比，利用标准样品电泳，可以估测未知分子的长度大小。DNA 分子的空间构型对泳动率的影响很大，比如质粒分子，泳动率的大小顺序为：cccDNA（共价闭合环状超螺旋 DNA）＞lDNA（线形 DNA）＞ocDNA（开环 DNA）。

2. 琼脂糖浓度。

琼脂糖是一种聚合链线性分子。由于含有不同浓度琼脂糖的凝胶构成的分子筛网孔大小不同，于是可分离不同浓度范围的核酸分子。琼脂糖凝胶适合分离长度 100bp 至 60kb 的分子，选择不同浓度的凝胶，可以分离不同大小范围的 DNA 分子。

琼脂糖浓度[%(m/V)]	线形 DNA 分子的分离范围(kb)
0.3	5～60
0.6	1～20
0.7	0.8～10
0.9	0.5～7
1.2	0.4～6
1.5	0.2～3
2.0	0.1～2

3.电场强度。

电场强度越大，带点颗粒的泳动越快。但凝胶的有效分离范围随着电压增大而减小，所以电泳时一般采用低电压，不超过 4 V/cm。而对于大片段电泳，甚至用 0.5～1.0 V/cm 电泳过夜。

三、材料、试剂及仪器

1.材料：

DNA Marker(分子量标准)，质粒 DNA，植物 DNA 或其他酶切产物。

2.试剂：

6×上样缓冲液(0.25%溴酚蓝，40%蔗糖)，琼脂糖，溴化乙啶(EB)，电泳缓冲液 TAE。

3.仪器：

(1)电泳系统：电泳仪、水平电泳槽、制胶板等。

(2)紫外透射仪或成像系统。

四、实验步骤

1. 按所分离的 DNA 分子的大小范围，称取适量的琼脂糖粉末(一般可制备 0.8%或 1%的凝胶)，放到一锥形瓶中，加入适量的 1×TAE 电泳缓冲液。然后置微波炉加热至完全溶化，溶液透明。摇匀冷却至 60℃左右，在胶液中加入适量的溴化乙啶至浓度为 0.5 μg/mL。

2. 取制胶板槽，放入合适的制胶板，在一端插入梳子，在槽内缓慢倒入已冷却至 60℃左右的胶液，使之形成均匀水平的胶面。

3. 待胶凝固后，小心拔起梳子，连同制胶板取出凝胶，使加样孔端置阴极端放进电泳槽内。

4. 在槽内加入 1×TAE 电泳缓冲液，至液面覆盖过胶面。

5. 把待检测的样品，按以下量在干净离心管内或一次性手套上小心混匀，用移液枪加至凝胶的加样孔中。

1 μL 上样缓冲液(6×)+5 μL 待测 DNA 样品

6. 接通电泳仪和电泳槽，打开电源，调节稳压输出，电压最高不超过 5V/cm，开始电泳。

7. 观察溴酚蓝指示带(蓝色)的移动，当其移动至距胶板合适距离处，可停止电泳。

8. 把胶槽取出，小心滑出胶块，置于紫外透视仪(或成像系统)的样品台上，关上样品室外门，打开紫外灯(360 nm 或 254 nm)，通过观察孔进行观察(或拍照记录)。

五、注意事项

1. 电泳中使用的溴化乙啶(EB)为中度毒性、强致癌性物质，务必小心，勿沾染于衣物、皮肤、眼睛、口鼻等。所有操作均只能在专门的电泳区域操作，戴一次性手套，并及时更换。

2. 制备凝胶时不要形成气泡，需在凝胶液未凝固之前及时清除，否则需重新制胶。

3. 以 1×TAE 作为电泳缓冲液时，溴酚蓝在 0.8%～1.0%的琼脂糖凝胶中的泳动速度大约相当于 400 bp 的线形 DNA 的泳动速度，而二甲苯青 FF 的泳动速度相当于 4 kb 的双链线形 DNA 的泳动速度。

六、实验结果

拍照记录 DNA 电泳结果。

七、实验报告

1. 记录所观察的电泳图谱，注意每条带的相对位置及浓淡等。
2. 对照 DNA Marker 估计检测样品的相对分子量，分析解释实验结果。

八、思考题

思考如何利用琼脂糖凝胶电泳对基因组 DNA、质粒 DNA 等提取物的质量进行定量？

实验十一

琼脂糖凝胶中 DNA 的回收

一、实验目的

掌握从琼脂糖凝胶中回收 DNA 片段的基本技术。

二、实验原理

不同大小的 DNA 片段经过电泳后，按分子量大小被分开，排列在琼脂糖凝胶中，可以将特定的某条 DNA 带所在的凝胶切下来，加热或用特殊的试剂熔解凝胶，使 DNA 溶回至溶液中，再经过乙醇沉淀或过柱即可获得目的 DNA 片段。

三、器材与试剂

1. 微量移液器，移液器吸头，1.5 mL 微量离心管，离心管架，台式离心机，琼脂糖凝胶电泳系统，微波炉，水漂，恒温水浴。

2. 质粒 DNA、PCR 产物或者酶切产物，TAE 电泳缓冲液，溴化乙啶溶液，电泳级琼脂糖粉，上样缓冲液，DNA Marker，DNA 凝胶回收试剂盒(AxyGen)。

四、实验步骤

主要步骤按照 DNA 凝胶回收试剂盒(AxyGen)的说明书进行。

1. 用 1×TAE 配制 1%琼脂糖凝胶。

2. 在胶上选定两个加样孔，分别加入 DNA Marker 和适量 DNA 样品，电泳。

3. 电泳结束后，在紫外灯下找到目的 DNA 带，用刀片切下目的 DNA 所在的凝胶(尽量不要多余的凝胶),转移至一个称量过的干净 1.5 mL 微量离心管中,称量后计算出胶的重量,该重量作为凝胶体积(100 mg=100 μL)。

*DNA 凝胶不能长时间地暴露在紫外线下。

4. 加入 3 个凝胶体积的 Buffer DE-A,混合均匀后于 75℃加热(低熔点琼脂糖凝胶于 40℃加热),间断混合(每 2～3 min),直到凝胶块完全熔化(约 6～8 min)。

5. 加入 0.5 个 Buffer DE-A 体积的 Buffer DE-B,混合均匀。当回收的 DNA 片段小于 400 bp 时,需再加入 1 个凝胶体积的异丙醇。

6. 吸取步骤 5 中的混合液,转移至 DNA 制备管(置于 2 mL 离心管,试剂盒提供)中,12 000 rpm 离心 1 min,弃滤液。

7. 将制备管置回 2 mL 离心管,加 500 μL Buffer W1,12 000 rpm 离心 30 s,弃滤液。

8. 将制备管置回 2 mL 离心管,加 700 μL Buffer W2,12 000 rpm 离心 30 s,弃滤液。重复洗涤一次,12 000 rpm 离心 1 min。

9. 将制备管置回 2 mL 离心管中,12 000 rpm 离心 1 min。

*漂洗液中乙醇的残留会影响后续的酶反应(酶切、PCR 等)实验。

10. 将制备管置于干净 1.5 mL 离心管中,在制备膜中央加 25～30 Elute 或去离子水,室温静置 1 min。12 000 rpm 离心 1 min,洗脱 DNA。

*将 Elute 或去离子水加热至 65℃将提高洗脱效率。另外,洗脱液的 pH 值对于洗脱效率有很大影响。若用水做洗脱液应保证其 pH 值在 7.0～8.5 范围内,pH 低于 7.0 会降低洗脱效率。

11. 取 2～5 μL 回收产物电泳,检测是否有目的 DNA 带。

五、实验结果

记录所观察的电泳图谱,分析解释实验结果。

六、思考题

1. 回收时为何避免紫外灯长时间照射目的 DNA?

2. 如何简易测算回收效率?

实验十二

Southern 杂交

一、实验目的

学习 DNA 分子杂交的原理，掌握用地高辛探针进行 DNA 分子杂交的技术。

二、实验原理

核酸杂交(hybridization)是两条互补的核苷酸单链在特定条件下退火形成异质双链的过程。核酸杂交是建立在以碱基互补为基础的、以双链核酸分子在特定条件下的变性和复性为手段的，对核酸分子进行定性和定量检测的技术。核酸杂交既可以是 DNA 与 DNA 链、RNA 与 RNA 链之间的杂交，又可以是 DNA 与 RNA 链之间的杂交。Southern 杂交是由 Southern 于 1975 年首创的杂交技术，其基本原理是将凝胶电泳分离的酶切 DNA 片段通过印记法(imprinting)转移到硝酸纤维素膜上，检测标记过的探针是否与变性后的 DNA 发生杂交，而对靶 DNA 进行定性和定量的一项分子生物学技术，包括 DNA 的印记转移和 DNA 的杂交两部分内容。

地高辛(DIG)是灵敏度高、非放射性的核酸标记检测体系，其检测灵敏度接近同位素而无放射性危险，相比荧光则不需要特殊检测设备，相比生物素则没有内源物质干扰，很适合核酸非放射性标记检测。地高辛标记技术源于一种从洋地黄类植物中提取的类固醇物质——Digoxigenin(DIG)。由于洋地黄植物的花和叶是 DIG 在自然界中唯一来源，因此抗 DIG 的抗体不会与其他生物物质结合，从而可以满足特异性标记的需要。因此，地高辛可以较好地避免内源物质对信号的干扰。

三、材料、试剂及仪器

1. 材料：

待检测的 DNA，已标记好的探针。

2. 设备：

电泳仪，电泳槽，塑料盆，真空烤箱，放射自显影盒，X-光片，杂交袋，硝酸纤维素滤膜或尼龙膜，滤纸。

3. 主要试剂：

(1)20×SSC：3.0 M NaCl，0.3M 柠檬酸钠，pH 7.0。

(2)洗涤缓冲液(Washing buffer)：0.1 M Maleic acid，0.15 M NaCl；0.3% (V/V) Tween20，pH 7.5。

(3)马来酸缓冲液(Maleic acid buffer)：0.1 M Maleic acid，0.15 M NaCl，pH 7.5。

(4)检测缓冲液(Detection buffer)：0.1 M Tris-HCl，0.1 M NaCl，pH 9.5。

(5)变性溶液：1 M NaCl，0.5 M NaOH。

(6)中和溶液：0.5 M Tris，3 M NaCl，HCl 调 pH 至 7.5。

(7)5×TBE：445 mM Tris-硼酸，10 mM EDTA。

(8)6×上样缓冲液：0.25%溴酚蓝，40%蔗糖。

(9)TE buffer：10 mM Tris-HCl，1 mM EDTA，pH 8.0。

(10)低严谨度洗膜液：2×SSC，0.1% SDS。

(11)高严谨度洗膜液：0.5×SSC，0.1% SDS。

(12)地高辛 DNA 标记检测试剂盒(DIG High Prime DNA Labeling and Detection Starter Kit I)。

(13)Blocking Solution：用马来酸缓冲液将地高辛 DNA 标记检测试剂盒中的 10×Blocking Solution 稀释成 1×的工作液，现配现用。

(14)Antibody Solution：将 Anti-Dig-AP 抗体离心，按照1：5 000加入 Blocking Solution，2～8℃可保存 12 h，用于与地高辛标记探针结合。

(15)显色底物溶液(Color substrate solution，NBT/BCIP)：将地高辛 DNA 标记检测试剂盒中的显色液按照 1：50 用检测缓冲液稀释，避光，现配现用，用于显示抗体结合位点。

(16)杂交液 DIG Easy Hyb:取 64 mL 无菌去离子水溶解 DIG Easy Hyb 粉末,37℃摇动溶解 5 min。

四、实验步骤

1. 基因组 DNA 的提取。

按照实验二植物基因组 DNA 的提取进行。

2. 基因组 DNA 酶切与电泳。

(1)酶切反应体系:

基因组 DNA	15 μg
10×酶切 buffer	30 μL
限制性内切酶(10 U/μL)	6 μL
加 ddH_2O	至 300μL

(2)混匀后于 37℃酶切 16 h,取 3 μL 酶切反应物电泳分析,检测酶切效果。

(3)酶切完成后,用等体积氯仿抽提,0.1 倍体积的 3 mol/L NaAc 和 2 倍体积无水乙醇混匀后于−20℃沉淀 1 h。

(4)12 000 rpm,4℃离心 10 min,小心弃上清,加入 500 μL 70%乙醇洗一遍,12 000 rpm 离心 2 min,弃上清,少量 TE 或 ddH_2O 溶解。

3. 琼脂糖凝胶电泳:

(1)用 0.5×TBE 配制 0.8%的琼脂糖凝胶。

(2)待凝胶充分凝固后,在点样孔中依次加入 DNA Marker,阳性对照(检测基因质粒),阴性对照(水),待测样品(上述基因组 DNA 酶切产物)。

(3)加入 0.5×TBE 电泳缓冲液,加 100 V 电压,电泳 5 min 待溴酚蓝进入胶中后,将电压降至 50 V 电泳 3~4 h。

(4)电泳结束后,将 DNA Marker 所在泳道的凝胶割出,EB 染色,长波紫外线下观察电泳结果,在凝胶旁置 1 标尺拍照记录,用于分析杂交后 DNA 样品带的位置。

4. 变性与转膜:

(1)将胶浸没于变性溶液中,在摇床上温和摇动 2×15 min。

(2)倒去变性液,用双蒸水稍微洗涤凝胶,然后加入中和溶液,在摇床上温和摇动 2×15 min。

(3)转膜:20×SSC 浸湿一张 Whatman 3 mm 滤纸放在支撑平台上,此平台要比凝胶稍大,形成一个"桥",凝胶倒置于浸湿的 Whatman 3 mm 滤纸上,注意不能形成气泡。

(4)按照凝胶的大小剪一张尼龙膜,将膜放在凝胶上。

(5)在尼龙膜上依次放置一张 Whatman 3 mm 滤纸(长、宽略小 0.2 cm)、一叠吸水纸、玻璃板、重 0.2~0.5 kg 物品。在 20×SSC 的转移缓冲液中充分转移18~24 h,期间及时换掉浸湿的吸水纸。

(6)固定:将膜在 2×SSC 溶液中短暂漂洗,除去过多的盐分,将 DNA 结合面朝上,置于干净的滤纸上晾干后,夹在两层滤纸中间,120℃烘箱中烘烤 30 min,或者 80℃烘烤 2 h,促进 DNA 与尼龙膜结合。

5.预杂交与杂交:

(1)取一定体积的 DIG Easy Hyb(10 mL/100 cm^2 膜)预热至杂交温度 42℃。预杂交 60 min,在不加探针的情况下,仅将膜放在杂交液中 42℃下充分润湿(此过程可以延长至数小时)。

(2)探针变性:将地高辛标记的探针 1 μL(约 25 ng/mL)加 40 μL H_2O,95℃变性 10 min,取出后迅速放在冰上冷却 10 min。

(3)杂交:将变性的探针加入预热的 DIG Easy Hyb(3.5 mL/100 cm^2)中,混匀,避免泡沫,倒出预杂交液,加入探针和 DIG Easy Hyb 混合液,继续在 42℃下温浴过夜。含有探针的 DIG Easy Hyb 杂交液可重复利用,杂交结束后放入离心管中于−20℃保存,可重复使用 2~3 次,只需在使用前于 68℃处理 10 min 即可。

6.洗膜与显色:

(1)洗膜。

在低严谨度洗膜液中室温下洗涤 5 min,洗 2 次。继续在高严谨度洗膜液65~68℃温和振荡 15 min,洗 2 次。

(2)免疫与显色。

①杂交和洗膜后,用洗涤缓冲液浸泡 1~5 min。

②在 100 mL 1×Block Solution 中温育 30 min。

③用 10 mL Antibody Solution 处理膜 30 min。

④用 100 mL 马来酸缓冲液洗膜 15 min，洗 2 次。

⑤在 20 mL 检测缓冲液中平衡 2～5 min。

⑥在 8 mL 新鲜配制的显色底物溶液中处理膜 5 min，置于塑料袋或盒中，黑暗中显色。注意不要在显色过程中摇动（颜色沉淀在几分钟内开始出现，在 16 h 内完成显色反应）。

⑦信号出现后，可在 20 mL 水中洗膜 5 min 中止反应。

⑧拍照或者扫描记录结果。

五、注意事项

1. 基因组 DNA 的完整性和质量应较高，建议在提取基因组 DNA 时采用大体系，保证其完整性和质量。

2. 酶切反应体系中不应含有氯仿、酚、乙醇、去污剂等成分，以免造成内切酶的失活，保证酶切效果。

3. DNA 浓度较高时，为避免酶切不均匀，应加入适量 ddH_2O 对 DNA 进行稀释。

4. 操作时，避免用手直接接触杂交膜，以免造成背景；杂交膜一旦放置于凝胶上后，就不可再移动膜。

5. 预杂交时封闭要完全，以免背景升高。

6. 转膜时，滤纸和杂交膜应完全湿润，并且凝胶与滤纸及凝胶与杂交膜之间不能有气泡，以免影响转印效果。

7. 杂交洗膜过程中不可使膜干燥。

六、实验结果

记录尼龙膜显色结果。

七、思考题

杂交信号太弱的主要原因可能有哪些？

实验十三

Northern 杂交

一、实验目的

学习 RNA 分子杂交的原理，掌握用地高辛探针进行 RNA 分子杂交的技术。

二、实验原理

相对研究 DNA 的 Southern 杂交技术，人们将研究 RNA 的印记转移和杂交技术称为 Northern 杂交技术。Northern 杂交是 RNA 定量测定的一种检测方法，主要利用碱基配对原则，利用特异的探针与其杂交，经过显影技术分析 RNA 的量和大小。Northern 杂交分析 RNA 的基本步骤是：首先，从组织或细胞中分离总 RNA；根据 RNA 的大小，通过变性琼脂糖凝胶电泳对 RNA 进行分离；再将 RNA 转移到固相支持物上并通过紫外线交联将其固定在支持物上；再用含有标记物的探针与固定后的 RNA 杂交；之后，除去非特异结合到固相支持物上的探针分子；最后，对特异结合的探针分子的图像进行检测、捕获和分析，从而对 RNA 的丰度进行定性或定量。Northern 杂交可以选用放射性 P^{32} 或非放射性的地高辛（DIG）等标记的 RNA 探针或 DNA 探针，但 RNA 探针显示更强的杂交信号和更低的非特异性背景，因此在可能的情况下，可尽量选用 RNA 探针。但由于 RNA 探针在操作中要求比 DNA 探针更高，因此大多数研究者仍使用 DNA 探针。另外，放射性 P^{32} 标记对实验条件有较高的要求，多数实验室一般不具备相应的条件，因此，非放射性的标记比较适合多数实验室使用。

三、材料、试剂和设备

1. 材料：

待检测的 RNA 和制备好的探针。

2. 主要设备：

高速离心机，摇床，水浴锅，电泳仪，电泳槽，硝酸纤维素膜或尼龙膜，Whatman 滤纸，转移装置，紫外交联仪或真空烘箱，杂交瓶或杂交袋，暗盒，X-光片。

3. 主要试剂：

(1)10×MOPS buffer：200 mM MOPS，50 mM NaAc，20 mM EDTA，固体 NaOH 调 pH 至 7.0。高压灭菌后避光保存。

(2)2×Loading buffer (500 μL)：83 μL 37%甲醛，250 μL 甲酰胺，50 μL 10×MOPS buffer，50 μL 甘油，10 μL 2.5%溴酚蓝，57 μL DEPC-H_2O。

(3)20×SSC：3.0 M NaCl，0.3M 柠檬酸钠，pH 7.0。

(4)预杂交液：DIG Easy Hyb(Roche)。

(5)洗涤缓冲液(Washing buffer)：0.1 M Maleic acid，0.15 M NaCl；0.3%(V/V)Tween20，pH 7.5。

(6)Blocking Solution：用马来酸缓冲液将地高辛 DNA 标记检测试剂盒中的 10×Blocking Solution 稀释成 1×的工作液，现配现用。

(7)Antibody Solution：将 Anti-Dig-AP 抗体离心，按照 1∶(15 000～20 000)加入 Blocking Solution，2～8℃可保存 12 h，用于与地高辛标记探针结合。

(8)检测缓冲液(Detection buffer)：0.1 M Tris-HCl，0.1 M NaCl，pH 9.5。

(9)显色底物：CSPD ready-to-use(Roche)。

(10)柯达定影、显影液：按说明书分别配制定影、显影溶液。

四、实验步骤

1. RNA 变性凝胶电泳：

(1)配制 1%变性琼脂糖凝胶 20 mL：取 0.2 g Agarose 加入 17 mL DEPC-H_2O，

加热至沸腾，冷却到50～60℃，再加入10×MOPS 2 mL和37%甲醛1 mL，混匀后倒胶。

注：甲醛有较强挥发性且具有毒性，应在通风橱中或通风良好处制胶。

(2)取总RNA 20～25 μg，加入2倍体积的2×Loading buffer中，混匀后，65℃温浴10 min，冰浴5 min，上样。

(3)在电泳槽中加入适量1×MOPS，浸没凝胶，电压50 V，电泳1～2 h。

2. RNA转膜和固定：

(1)电泳完成后，用DEPC-H_2O稍清洗凝胶，然后将胶浸入10×SSC溶液中摇床上室温漂洗15 min。

(2)把胶换入20×SSC溶液中摇床上漂洗室温15 min。

(3)剪取一张与凝胶大小一致的尼龙膜，3张Whatman滤纸和一叠吸水纸(注意不能用手指直接触及膜面)。将尼龙膜先在2×SSC中慢慢浸润，再转入10×SSC中浸润，最后浸于20×SSC中，待转膜。

(4)准备转移用的装置和支架，在装置中加入适量20×SSC，在支架上搭滤纸桥使溶液能够虹吸上来。

(5)在滤纸桥上依次放置：处理好的凝胶(正面朝下)，尼龙膜，吸水滤纸，玻璃板，适量重物(500～1 000 g)。应在尼龙膜的一角剪缺口，以便确认正反面，接触胶的为正面。

注意：要确保各层间没有气泡，否则会发生局部"绝缘"，气泡处的RNA难以被转移到尼龙膜上。

(6)室温转膜12～20 h，注意更换吸水纸。

(7)转膜完成后，用镊子夹取尼龙膜用2×SSC漂洗数次(正面朝上)。

(8)用滤纸包好的尼龙膜，80℃烘烤2 h或在紫外交联仪上固定1 min。

3. 预杂交和杂交：

(1)根据10 mL/100 cm^2的比例预热DIG Easy Hyb至42℃。将膜封闭在杂交袋中，加入预杂交液，42℃水浴锅中轻轻摇动，预杂交30 min～5 h。

(2)DIG标记的DNA探针变性：取适量探针(终浓度25 ng/mL)，沸水浴5 min，冰浴迅速冷却。取变性后的探针加入预热的DIG Easy Hyb中(比例为3.5 mL/100 cm^2)。轻轻混匀，避免出现泡沫。

(3)倒去预杂交液，加入杂交液，杂交4 h至过夜。杂交结束后，杂交液可以储存于−15～−25℃，再次使用时只要 68℃变性 10 min 即可。

(4)杂交结束后，将膜取出正面朝上进行洗膜：

①常温下加入 2×SSC，0.1%SDS 溶液中洗涤 2 次，每次 5 min，洗涤时摇床摇动。

②65℃，0.1×SSC，0.1%SDS 溶液中洗涤 2 次，每次 15 min。溶液要预热，洗涤时摇床摇动。

4. 杂交信号检测：

(1)平衡：杂交洗膜后在洗涤缓冲液(Washing buffer)中平衡 1～5 min。

(2)封闭：在 50 mL 封闭缓冲液(Blocking solution)中封闭 30～60 min。

(3)抗体结合：在 10 mL 抗体溶液(Antibody solution)中结合 30～60 min。

注：封闭和抗体结合时间可适当延长。

(4)除去抗体溶液，在洗涤缓冲液(Washing buffer)中洗涤 2 次，每次 15 min。

(5)除去洗涤缓冲液，在检测缓冲液(Detection buffer)中平衡 2～5 min。

(6)除去检测缓冲液，将杂交膜有 RNA 的一面向上放在塑料膜上，滴加显色底物(CSPD ready-to-use)，迅速用第二张塑料膜覆盖在尼龙膜上，使色素均匀覆盖在膜上尽量避免产生气泡。在室温下放置 5 min。

(7)曝光：排去多余的底物溶液，用保鲜膜包裹。置于暗室中，在暗盒中放上膜(正面朝上)，再放上适当大小的 X 光片，曝光 1 h 左右。

(8)显影：将曝光后 X 光片在显影液中浸泡 30 s～5 min，漂洗后，放入定影液中 2～5 min，便可观察结果。

五、注意事项

1. 电泳分离 RNA 时，如果 RNA 片段长度为 1.5～8 kb，使用 1.4%的琼脂糖凝胶分离较理想。

2. 操作时，不能用手直接接触杂交膜，以免造成背景升高。膜一旦放置于凝胶上后，就不可再移动膜。

3. 预杂交时封闭要完全，以免背景升高。

4. 不能使用已发生沉淀的 SDS，以免造成背景升高。

5. 印记转移时，滤纸和杂交膜应完全湿润，并且凝胶与滤纸及凝胶与杂交膜之间不能有气泡，以免影响转印效果。

6. 紫外交联过程中，紫外光的剂量要适中，不宜过大或过小。

7. 杂交后检测信号操作过程中，避免膜干燥。

六、实验结果

记录 X 光片曝光结果。

七、思考题

为什么 Northern 杂交中 RNA 需要进行变性凝胶电泳？

实验十四

Western 吸印

一、实验目的

学习 Western Blot 的原理，掌握进行 Western Blot 杂交的技术。

二、实验原理

与 Southern 和 Northern 杂交方法类似，Western Blot 采用的是聚丙烯酰胺凝胶电泳(PAGE)，被检测物是蛋白质，“探针”是抗体，“显色”用标记的二抗。经过PAGE 分离的蛋白质样品，转移到固相载体(例如聚偏二氟乙烯膜，PVDF)上，固相载体以非共价键形式吸附蛋白质，且能保持电泳分离的多肽类型及其生物学活性不变。以固相载体上的蛋白质或多肽作为抗原，与对应的抗体起免疫反应，再与酶或同位素标记的第二抗体起反应，经过底物显色或放射自显影以检测电泳分离的特异性目的蛋白。该技术广泛应用于检测蛋白表达的水平，既可以定性，也可以半定量，是初步鉴定蛋白质最方便和最通用的方法。

三、材料、试剂和设备

1. 材料：

待检测的蛋白，制备好的一抗(Rabbit Anti-β-Actin)，二抗[碱性磷酸酶(AP)标记的羊抗兔 IgG]。

2. 主要设备：

高速离心机，摇床，电泳仪，垂直电泳系统，聚偏二氟乙烯膜 (PVDF)，Whatman 滤纸，转印电泳槽。

3.主要试剂：

(1)30%丙烯酰胺(29：1)：丙烯酰胺，29 克；N，N′-亚甲双丙烯酰胺，1 g。去离子水分别溶解后混合，再补去离子水至 100 mL。过滤，储存于棕色试剂瓶中，4℃保存一月。

注：丙烯酰胺和双丙烯酰胺具有很强的神经毒性，并容易吸附于皮肤，其作用具有累积性，制备时应注意防护。

(2)1.0 M Tris-HCl(pH 6.8)：称取 121.1 g Tris，加约 800 mL ddH_2O 搅拌溶解，浓盐酸调 pH 至 6.8，定容至 1 000 mL，灭菌备用。

(3)1.5 M Tris-HCl(pH 8.8)：称取 181.7 g Tris，加约 800 mL ddH_2O 搅拌溶解，浓盐酸调 pH 至 8.8，定容至 1 000 mL，灭菌备用。

(4)10%(W/V)SDS(室温保存)：称取 10 g SDS，加约 80 mL ddH_2O，68℃加热溶解，浓盐酸调 pH 7.2，定容至 100 mL，室温保存。

(5)10%(W/V)过硫酸铵：称取 1 g 过硫酸铵，加入 10 mL ddH_2O 搅拌溶解，4℃保存。

注：过硫酸铵提供催化丙烯酰胺和双丙烯酰胺聚合所必需的自由基，由于过硫酸铵会缓慢分解，4℃下可保存 2 周，超过期限会失去催化作用。

(6)TEMED：催化过硫酸铵形成自由基而加速丙烯酰胺和双丙烯酰胺的聚合；

(7)5×SDS-PAGE 电泳缓冲液：称取 Tris 15.1 g，甘氨酸 94 g，SDS 5.0 g，加约 800 mL ddH_2O 搅拌溶解，定容至 1 000 mL，室温保存。

(8)2×蛋白质上样缓冲液：Tris-HCl(pH 6.8)100 mM，SDS 4%(W/V)，溴酚蓝 0.2%(W/V)，甘油 20%(V/V)，β-巯基乙醇 1%(V/V)。

(9)蛋白质预染 Marker。

(10)转膜缓冲液：48 mM Tris-HCl，39 mM 甘氨酸，0.037 %(W/V)SDS，20%(V/V)甲醇。

(11)TBST 缓冲液：20 mM Tris-HCl(pH 8.0)，150 mM NaCl，0.05% Tween-20。

(12)封闭缓冲液：称取 5 g 脱脂奶粉，加入 100 mL TBST 缓冲液中，充分搅拌溶解，4℃保存待用(应现配现用)。

(13)NBT/BCIP 显色液：0.51 mM NBT，0.48 mM BCIP(上海生工)。

注：在碱性磷酸酶作用下，BCIP 会被水解产生强反应性的产物，该产物会和 NBT 发生反应，形成可见的蓝色或紫蓝色沉淀。

四、实验步骤

1. SDS-PAGE 电泳。

(1)SDS-PAGE 凝胶制备：将两块特制玻璃板固定于制胶板上，确定灌制分离胶液面标志线(距样品梳子底部 0.5～1.0 cm 处)。

(2)按如下组分配制 10% SDS-PAGE 分离胶 (5 mL)：

去离子水	1.9 mL
30%丙烯酰胺	1.7 mL
1.5 M Tris-HCl(pH 8.8)	1.3 mL
10% 过硫酸铵	0.05 mL
10% SDS	0.05 mL
TEMED	0.002 mL

混匀后将凝胶轻轻加入凝胶玻璃槽，使其液面至标志线位置(避免产生气泡)。

注：分离胶的浓度可根据检测蛋白大小进行调整。

(3)立即用无水乙醇覆盖胶面(隔绝空气，有助于凝胶聚合，使凝胶面形成平直)，室温放置约 20 min 至分离胶凝固。

(4)配制 5%浓缩胶 2 mL：

ddH_2O	1.4 mL
30%丙烯酰铵	0.33 mL
1.0 M Tris-HCl(pH 6.8)	0.25 mL
10%过硫酸胺	0.04 mL
10%SDS	0.02 mL
TEMED	0.002 mL

(5)倒掉覆盖液，将凝胶板重新垂直放置，轻轻加入 5%浓缩胶(注意避免产生气泡)，插入样品梳，室温凝胶约 20 min。

(6)将胶版装配好后放入电泳槽中，加入足量 1×SDS-PAGE 电泳缓冲液。轻轻拔去梳子，准备点样。

(7)吸取细胞总蛋白样品 5 μL 加入 PCR 管中，每样品管中分别加入 5 μL 2×蛋白质电泳上样缓冲液，轻轻混合，95℃变性 3 min。

注：高温能够使 SDS 与蛋白质充分结合，进而使蛋白质完全变性和解聚。

(8)吸出变性蛋白液，贴紧加样孔上方，将样品轻轻加至凝胶孔中。

(9)将电泳仪设置成稳压状态，接通电源，将电压调至 80 V 使样品通过浓缩胶(电压约 8 V/cm)。当染料进入分离胶后，将电压调高到 100 V，继续电泳使染料至分离胶适当位置，结束电泳，关掉电源。

2. 转膜：

电泳结束后，需将凝胶上分离到的蛋白条带转印至固相支持物上，本实验采用 PVDF 膜作为固相支持物，采用湿转进行转膜。

(1)取一托盘，放入少量转膜缓冲液，将凝胶剥于其中，同时切去多余的凝胶(浓缩胶和无样品部分)，量取凝胶的长度和宽度。

(2)剪下相应大小的 PVDF 膜，在 100%甲醇中浸泡 15 s(活化 PVDF 膜上面的正电基团，使它更容易跟带负电的蛋白质结合)，转移至纯水中 2 min；然后再置于转膜缓冲液中平衡至少 5 min。同时剪下相应大小的 4 张滤纸于托盘中浸湿。

(3)组装顺序为：阴极(黑色)海绵垫片→2 层滤纸→胶→膜→2 层滤纸→海绵垫片，每层尽量赶去气泡。

注：避免上下两层滤纸因为过大而相互接触，这样会造成短路(电流不会通过胶和滤纸)。

(4)转膜：将转移组件放入电泳槽，加入适量转膜缓冲液，100 V 转膜 1～2 h。(此步操作宜在 4℃冰箱或冰浴中进行)。

(5)转膜结束后，镊子取出膜，在 TBST 缓冲液中漂洗数分钟。

3. 信号检测：

(1)将膜转入 10 mL 封闭缓冲液中，室温摇床上缓慢摇动封闭 1 h，封闭膜上未结合位点。

(2)一抗反应：用 TBST 按 1∶500 稀释一抗(Rabbit Anti-β-Actin)，按 2.5 mL 每块胶配制，将封闭完成后的膜放入其中，室温摇床上缓慢摇动 1 h。TBST 洗膜 3 次，每次 5 min，洗去未结合的一抗。

(3)二抗反应：TBST 稀释碱性磷酸酶(AP)标记的羊抗兔 IgG(1∶3 000)，3 mL每块胶配制，室温摇床上缓慢摇动 1 h。再用 TBST 洗膜 3 次，每次 5 min，洗去未结合的二抗。

(4)显色：取 NBT/BCIP 显色液滴加于膜上，室温避光反应 2 min，显色条带清晰后蒸馏水冲洗终止反应，拍照或扫描记录结果。

五、注意事项

1. Western 杂交最常出现的问题是背景信号过高，可通过进一步稀释一抗浓度，使用含有去污剂的封闭缓冲液，以及减少蛋白的上样量来控制背景。

2. 所有步骤均使用去离子的蒸馏水。

3. 胶大小的轻微改变都将导致模糊的转移效果，对胶进行平衡可以防止在转移过程中胶大小发生变化。

4. 通常蛋白的转移会在 1～6 h 完成，但分子量高的大分子需要更长的时间，低电压过夜电泳较为可靠。

5. 杂交中多条色带的出现，可通过设立不加一抗的对照，来判定是否由于二抗引起，或使用不同来源的二抗或类似的试剂代替二抗。

6. 如果无带或弱带发生，则可增加蛋白上样量，或增加一抗和/或二抗的量。

7. 一些抗体会由于去污剂的存在而不与蛋白结合，因此在实验前，应对所用抗体的资料进行查询。

六、实验结果

记录 PVDF 膜显色结果。

七、思考题

如果出现低于目的蛋白分子量的假带，其主要原因是什么？如何解决？

实验十五

碱裂解法提取质粒 DNA

一、实验目的

掌握碱裂解法抽提质粒 DNA 的原理和方法，了解实验中所用试剂的作用。

二、实验原理

细菌质粒是一类双链、闭环的 DNA，大小范围从 1kb 至 200kb 不等。各种质粒都是存在于细胞质中，独立于细胞染色体之外的自主复制的遗传成分，通常情况下可持续稳定地处于染色体外呈游离状态，但在一定条件下也会可逆地整合到寄主染色体上，随着染色体的复制而复制，并通过细胞分裂传递到后代。宿主细胞中质粒的拷贝数各有不同，一类是低拷贝数的，每个细胞仅含有一个或几个质粒分子，称为“严谨型”复制的质粒；另一类高拷贝数的质粒，拷贝数可达 20 个以上，称为“松弛型”复制的质粒。质粒能编码一些遗传性状，如抗药性（氨苄青霉素、四环素等抗性），利用这些抗性可以对宿主菌或重组菌进行筛选。质粒已成为目前最常用的基因克隆的载体分子，制备质粒 DNA 是分子生物学的常规技术。碱裂解法是一种应用最为广泛的制备质粒 DNA 的方法，碱变性抽提质粒 DNA 是基于染色体 DNA 与质粒 DNA 的变性与复性的差异而达到分离目的。在 pH 值高达 12.6 的碱性条件下，染色体 DNA 的氢键断裂，双螺旋结构解开而变性。质粒 DNA 的大部分氢键也断裂，但超螺旋共价闭合环状的两条互补链不会完全分离，当以 pH 4.8 的 NaAc/KAc 高盐缓冲液去调节其 pH 值至中性时，变性的质粒 DNA 又恢复原来的构型，保存在溶液中，而染色体 DNA 不能复性而形成缠连的网状结构，通过离心，染色体 DNA 与不稳定的大分子 RNA、蛋白质-SDS 复合物等一起沉淀下来而被除去。

三、材料、试剂和设备

1. 材料：

含 pUC19 质粒的大肠杆菌，1.5 mL 离心管，离心管架，枪头及盒，卫生纸。

2. 主要设备：

微量移液器 (20 μL，200 μL，1 000 μL)，台式高速离心机，恒温振荡摇床，涡旋振荡器，恒温水浴锅，高压灭菌锅，电泳仪，电泳槽。

3. 主要试剂：

(1)LB 液体培养基：称取蛋白胨(Tryptone)10 g，酵母提取物(Yeast extract) 5 g，NaCl 10 g，溶于 800 mL 去离子水中，用 NaOH 调 pH 至 7.5，加去离子水至总体积 1 L，121℃高压灭菌 20 min。

(2)氨苄青霉素(Ampicillin, Amp)母液：配成 100 mg/mL 水溶液，－20℃保存备用。

(3)溶液Ⅰ：50 mM 葡萄糖，25 mM Tris-HCl (pH 8.0)，10 mM EDTA (pH 8.0)。在 121℃高压灭菌 15 min，贮存温度为 4℃。

(4)溶液Ⅱ：0.2 M NaOH，1% SDS。2 M NaOH 1 mL，10% SDS 1 mL，加 ddH_2O 至 10 mL，使用前临时配制。

(5)溶液Ⅲ：醋酸钾(KAc)缓冲液，pH 4.8。5 M KAc 300 mL，冰醋酸 57.5 mL，加 ddH_2O 至 500 mL。4℃保存备用。

(6)TE：10 mM Tris-HCl (pH 8.0)，1 mM EDTA(pH 8.0)。121℃灭菌 20 min，4℃保存备用。

(7)苯酚∶氯仿∶异戊醇(25∶24∶1)：50 mL Tris 饱和酚，48 mL 氯仿，2 mL 异戊醇，充分混匀，适量 ddH_2O 液封，转入棕色瓶 2～8℃避光保存。

注：氯仿可使蛋白变性并有助于液相与有机相的分开，异戊醇则可起消除抽提过程中出现的泡沫。酚和氯仿均有很强的腐蚀性，操作时应戴手套。

(8)无水乙醇。

(9)70%乙醇：取 70 mL 无水乙醇，加入 30 mL ddH_2O 配制。

(10)RNA 酶 A 母液：将 RNA 酶 A 溶于 TE 中，配成 10 mg/mL 的溶液，于 100℃加热 15 min，使混有的 DNA 酶失活。冷却后用 1.5 mL 离心管分装，－20℃

保存。

(11)灭菌 ddH_2O:取适量去离子水,121℃高温灭菌 20 min,冷却后1.5 mL离心管分装,−20℃保存备用。

四、实验步骤

1. 挑取 LB固体培养基上生长的单菌落,接种于 20 mL LB(含 Amp 100 μg/mL)液体培养基中,37℃ 250 r/min 振荡培养过夜(12～14 h)。

2. 取 1.5 mL 培养液于 1.5 mL 离心管中,12 000 r/min 离心 1～2 min。弃上清,将离心管倒置于卫生纸尽可能吸干残留液体。

3. 加 100 μL 溶液 Ⅰ,旋涡振荡器剧烈振荡重悬菌体沉淀,室温放置 5～10 min。

4. 加入新配制的溶液Ⅱ200 μL,盖紧管口,快速温和颠倒离心管数次,混匀内容物(千万不要振荡),冰浴 5 min,使细胞膜裂解。由于溶液Ⅱ为裂解液,这时离心管中菌液逐渐变清。

5. 加入 150 μL 预冷的溶液Ⅲ,盖紧管口,将管温和颠倒数次混匀,见白色絮状沉淀,可在冰上放置 5 min,然后 12 000 rpm 离心 10 min。

注:溶液Ⅲ为中和溶液,此时质粒 DNA 复性,染色体和蛋白质不可逆变性,形成不可溶复合物,同时 K^+ 使 SDS-蛋白复合物沉淀。

6. 上清液移入干净离心管中,加入等体积的酚∶氯仿∶异戊醇(约 450 μL),振荡混匀,12 000 rpm 离心 10 min。

7. 取上清于一新离心管中,加入 2 倍体积预冷的无水乙醇,混匀,室温放置 2～5 min,12 000 rpm 离心 10 min。

8. 弃上清,将管口敞开倒置于卫生纸上吸干残留液体,加入 1 mL 70%乙醇洗沉淀一次,12 000 rpm 离心 3 min。

9. 吸去上清液,将管倒置于卫生纸上尽量吸干残留液体,室温干燥。

10. 将沉淀溶于 20 μL TE 缓冲液 (pH 8.0,含 20 μg/mL RNA 酶 A)中,37℃水浴 30 min 以降解 RNA 分子,−20℃冰箱储存。

11. 取 1～2 μL 质粒 DNA 进行琼脂糖凝胶电泳检测质粒大小与浓度(见实验七 DNA 琼脂糖凝胶电泳)。

五、注意事项

1. 提取过程应尽量保持低温。

2. 沉淀DNA通常使用冰乙醇，在低温条件(－20℃)下预冷可增强DNA沉淀效果。沉淀DNA也可用异丙醇(一般等体积使用)，沉淀完全、速度快，但容易将盐也沉淀下来。

六、实验结果

1. 记录所观察的电泳图谱，注意每条带的相对位置及浓淡等。

2. 对照DNA Marker估计检测样品的相对分子量，分析解释实验结果。

七、思考题

若质粒在电泳时出现3条不同大小的条带，主要原因是什么？它们分别是质粒的何种构型？

实验十六
限制性内切酶消化及鉴定

一、实验目的

学习和掌握限制性内切酶的特性、DNA 的酶切技术。理解限制性内切酶是 DNA 重组技术的关键工具,琼脂糖凝胶电泳是分离鉴定 DNA 片段的有效方法。

二、实验原理

限制性内切酶是对质粒进行加工所需要的重要的工具酶之一。在分子克隆中,将质粒和外源基因用限制性内切酶酶切,再用 DNA 连接酶将质粒和外源基因 DNA 链接,封闭切口,便可获得携带外源基因的重组质粒。

目前已发现的限制性内切酶有数百种,分子克隆中常用的有百种,而一般载体克隆位点中常匹配的不过几十种。这些限制酶都属于Ⅱ类限制性内切酶,特点是具有能够识别双链 DNA 分子上的特异核苷酸顺序的能力,能在这个特异性核苷酸序列内,切断 DNA 的双链,产生特定的粘末端或者平末端双链 DNA 片段;在连接酶的作用下,这些片段可以与有相同末端的 DNA 片段重新连接形成完整的重组 DNA。不同的酶切反应需要不同的酶切缓冲液。多数生物技术公司的产品目录中均有关于何种限制性内切酶适合何种缓冲液的资料可供查阅。在实际实验操作中,DNA 的单酶切或者双酶切应用较多。绝大多数限制酶的最适反应温度为 37℃。根据需要消化的 DNA 纯度和量,酶切反应时间有 30 min、60 min、2 h,甚至过夜。

限制性内切酶是基因重组中重要的工具酶,其主要用途为:

1. 把 DNA 切割为适当大小的片段或者产生需要的末端,以便进行 DNA 的克隆。

2.利用内切酶的高度特异性，可对 DNA 进行限制切酶图谱分析，以鉴定 DNA。

3.用相应的限制酶消化重组质粒，鉴定重组质粒是否构建成功。质粒 DNA 的相对分子质量一般在 $10^6 \sim 10^7$ 范围内，如质粒 pBR322 的相对分子质量为 2.8×10^6，质粒 pUC19 的相对分子质量为 1.7×10^6。在细胞内，共价闭环 DNA(covalently closed circular DNA，简称 ccDNA)常以超螺旋形式存在。如果两条链中有一条链发生一处或多处断裂，分子就能旋转而消除键的张力，这种松弛型的分子叫做开环 DNA(open circular DNA，简称 ocDNA)。在电泳时，同一质粒如以 ccDNA 形式存在，它比其开环和线状 DNA 的泳动速度快，一般情况下质粒的泳动速度为：ccDNA> LineDNA>ocDNA。本实验用双酶切 pET28a 和纤维素酶基因构建的重组质粒，鉴定质粒构建是否成功。

三、材料、试剂和设备

1.材料：

自提 pET28a-cellulase 质粒 DNA，限制性内切酶：*Hind*Ⅲ、*Xho*Ⅰ。

2.试剂：

灭菌水，上样缓冲液，琼脂糖，Goldenview 染料。

3.仪器：

三角烧瓶，微量移液器，Eppendorf 管，一次性手套，电泳仪，电泳槽，微波炉，离心机，恒温水浴锅等。

四、实验步骤

1.将上一实验纯化并经自然干燥的自制 pET28a-cellulase 质粒 DNA，溶解于灭菌双蒸水或者 pH 8.0 的 Tris-HCl，使用紫外检测仪检测质粒 DNA 的浓度，或电泳估计质粒 DNA 浓度，使终浓度 0.1 μg/μL 左右。

2.将灭菌的 Eppendorf 管编号，用微量加样器按下列成分将各种试剂分别加入每管内。

20 μL 酶切反应体系如下：

10×M Buffer	2 μL
质粒 DNA	10 μL
Xho Ⅰ	1 μL
Hind Ⅲ	1 μL
无菌 H_2O	6 μL
总体积	20 μL

3. 将各成分加入后，轻轻混匀，必要时短暂离心。

4. 在最适反应温度下水浴一定时间，一般限制性内切酶在 37℃水浴 2～4 h，可将目的 DNA 片段完全切开。

5. 取 6～8 μL 酶切反应液，加入 2 μL 6×上样缓冲液并混匀，以没有酶切的相应质粒作对照，1％琼脂糖凝胶电泳，电泳适当时间后，紫外灯下观察，或用凝胶图像处理系统拍照，分析目标带的分子量。

五、实验报告

1. 记录所观察的电泳图谱，注意每条带的相对位置及浓淡等。
2. 对照 DNA Marker 估计检测样品的相对分子量，分析解释实验结果。

六、思考题

1. 为什么碱裂解法提取的质粒在电泳检测时常会有三条带？
2. 在双酶切时，一般能找到合适的共用 Buffer，如果没有，你认为该怎么做？

实验十七

氯化钙法制备新鲜大肠杆菌感受态细胞

一、实验目的

学习和掌握氯化钙法制备大肠杆菌感受态细胞的技术。

二、实验原理

细菌处于容易吸收外源 DNA 的状态称为感受态。受体细胞经过一些特殊方法(如 $CaCl_2$、KCl 等化学试剂法)的处理后，细胞膜的通透性发生变化，能容许外源 DNA 的载体分子通过。当对数生长期的细菌细胞处于 0℃ 的 $CaCl_2$ 低渗溶液中时，菌体细胞膨胀成球形，可以产生短暂的“感受态”，易于摄取外源 DNA。

三、实验材料

大肠杆菌菌株 DH5α 或 JM109。

四、实验方法

1. 以接菌环从 −70℃ 保存的 DH5α 或者 JM109 菌种中刮取少量菌液划线无抗生素平板，37℃ 培养 12 h，以活化大肠杆菌。

2. 从活化的大肠杆菌平板上挑取单一菌落，接种于 3～5 mL LB 液体培养中，37℃ 振荡培养 12 h 左右，直至对数生长期。

3. 将该菌悬液以 1∶100～1∶50 转接于 100 mL LB 液体培养基中，37℃ 250～300 r/min 振荡培养 2.5～3 h(此时，OD_{600} 在 0.4～0.6)。

4. 将菌液转移至预冷的 50 mL 离心管中，冰浴 10 min，于 4℃，4 000 rpm 离心 10 min，倒净上清。

5. 加入原菌液体积 1/10 预冷的 0.1 M $CaCl_2$，充分重悬菌体细胞，冰浴 20～30 min，4℃，4 000 rpm 离心 10 min，弃尽上清。

6. 按每 10 mL 菌液加入 400～600 μL 预冷的含有 15%甘油的 0.1 M $CaCl_2$ 溶液，充分重悬菌体细胞，后按每支 100 μL 在冰上分装，−70℃保存。

7. 感受态细胞的检测：取感受态细胞分别涂布含有氨苄青霉素和卡那霉素抗性的 LB 平板，37℃培养 12～16 h，观察感受态细菌是否有污染；正常情况下在含抗生素的 LB 平板上应没有菌落出现。对照组：取 5 μL 菌液涂布于不含抗生素的 LB 平板上，此组正常情况下应产生大量菌落。

8. 取 1 μg 超螺旋质粒转化制备的感受态，检测并估计转化效率。转化后在含抗生素的平板上长出的菌落即为转化子，根据此皿中的菌落数可计算转化子总数和转化频率，公式如下：

$$\text{转化子总数}=\text{菌落数}\times\text{稀释倍数}\times\frac{\text{转化反应原液总体积}}{\text{涂板菌液体积}}$$

$$\text{转化频率}\left(\frac{\text{转化子数}}{\text{每 mg 质粒 DNA}}\right)=\frac{\text{转化子总数}}{\text{质粒 DNA 加入量}}(\text{mg})$$

$$\text{感受态细胞总数}=\text{对照组菌落数}\times\text{稀释倍数}\times\frac{\text{菌液总体积}}{\text{涂板菌液体积}}$$

$$\text{感受态细胞转化效率}=\frac{\text{转化子总数}}{\text{感受态细胞总数}}$$

五、注意事项

1. 以上操作全部在无菌条件下进行。

2. 此法制备的感受态细胞适用于不同质粒 DNA 的转化，但转化效率并不一定相同。

六、实验报告

拍照并计数转化子，计算转化效率。

七、思考题

1. 做感受态的初始菌株为什么必须划线挑单菌落培养？

2. 为什么要求做感受态的细胞培养 OD_{600} 在 0.4～0.6？

实验十八

DNA 体外连接

一、实验目的

学习和掌握重组 DNA 连接以及鉴定重组子的方法。通过本实验了解 DNA 重组技术在分子生物学研究中的重要意义。

二、实验原理

DNA 体外连接是指用 DNA 连接酶将两个 DNA 片段共价组合的过程，分子克隆中称作 DNA 重组，常用于外源 DNA 片段与线性质粒载体的连接，重新组合的 DNA 叫做重组体或重组子。重组体的构建，是基因工程中的关键步骤。DNA 连接酶有两种：T_4 噬菌体 DNA 连接酶和大肠杆菌 DNA 连接酶。两种 DNA 连接酶都有将两个带有相同黏性末端的 DNA 分子连在一起的功能，而且 T_4 噬菌体 DNA 连接酶还有一种大肠杆菌连接酶没有的特性，即能使两个平末端的双链 DNA 分子连接起来。但这种连接的效率比黏性末端的连接效率低，一般可通过提高 T_4 噬菌体 DNA 连接酶浓度或增加 DNA 浓度来提高平末端的连接效率。

T_4 噬菌体 DNA 连接酶催化 DNA 连接反应分为三步：首先，T_4 DNA 连接酶与辅助因子 ATP 形成酶-AMP 复合物；然后，酶-AMP 复合物再结合到具有 5′-磷酸基和 3′-羟基切口的 DNA 上，使 DNA 腺苷化；最后产生一个新的磷酸二酯键，把切口封起来。因此，DNA 分子末端的磷酸化是 DNA 分子相互连接的必要条件之一。

连接反应的温度在 37℃时有利于连接酶的活性。但是在这个温度下，黏性末端的氢键结合是不稳定的。因此大多数推荐的连接温度是 12～16℃，连接 12 h 以上或者过夜，这样既可最大限度地发挥连接酶的活性，又兼顾到短暂配对结构的稳定。而目前快速连接试剂，则是在相对较高的连接温度 20～26℃连接反应，能缩短连接时间至 10～30 min。在标准条件下，DNA 片段之间连接效率由互相匹配的 DNA 末端的浓度决定。外源 DNA 的末端浓度至少要等于或高于质粒的末端浓度，一般采用高于质粒的末端浓度，以获得更高的连接效率。

三、材料、试剂和设备

1. 材料：

DH5α、pUCl9 质粒、培养皿、接种针、玻璃涂棒、试管、酒精灯、镊子、牙签等。

2. 试剂：

胰蛋白胨、酵母提取物、氯化钠、氨苄青霉素、氯化钙、二甲基甲酰胺、T_4 DNA 连接酶、DNA Marker、*Bam*HⅠ、*Hind*Ⅲ限制酶、琼脂糖、T_4 DNA Ligase、TAE 缓冲液(10×)、SYBR 染色液。

3. 仪器：

恒温摇床、恒温水浴器、恒温培养箱、台式离心机、低温离心机、电泳仪、电泳槽、紫外透射仪、凝胶成像仪、一次性塑料手套。

四、实验步骤

1. 质粒和 PCR 产物的纯化→PCR 产物以及空载体的酶切→目的片段纯化→电泳检测→16℃连接过夜。

2. 质粒和 PCR 产物的酶切，纯化参照前述实验。连接反应一般是在 16℃下进行，采用 10μL 连接体系。

3. 将下列成分加入小管中。

目的基因 DNA 片段	约 0.3 pmol
载体 DNA	约 0.03 pmol
10×T_4DNA 连接酶缓冲液	1 μL
T_4 DNA 连接酶	1 μL
无菌双蒸水	补至 10 μL

4. 将各反应液混匀，短暂离心，16℃反应过夜。

5. 将双酶切后具有互补黏性末端（或者平末端）的质粒 DNA 和目的基因 DNA 在体外连接形成重组子。

五、注意事项

1. DNA 片段的摩尔数应控制在载体 DNA 摩尔数的 3～10 倍。

2. 由于反应成分较少，混匀后短暂离心，以免液体挂在管壁上。

六、思考题

1. 如何通过琼脂糖凝胶电泳粗略的判断载体和目的基因片段的摩尔数？

2. T-A 克隆的原理是什么？

实验十九

质粒 DNA 转化受体细胞

一、实验目的

学习和掌握外源质粒 DNA 转入受体菌细胞的技术。了解细胞转化的概念及其在分子生物学研究中的意义。

二、实验原理

转化(transformation)是将异源 DNA 分子引入一细胞株系,使受体细胞获得新的遗传性状的一种手段,是基因工程等研究领域的基本实验技术。转化的方法有化学方法和电转化法。化学方法(热击法):使用化学试剂(如 $CaCl_2$)制备的感受态细胞,通过热击处理将载体 DNA 分子导入受体细胞;电转化法:使用低盐缓冲液或水洗制备的感受态细胞,通过高压脉冲的作用将载体 DNA 分子导入受体细胞。转化是指质粒 DNA 或以它为载体构建的重组子导入细菌的过程。其原理是细菌处于 0℃、$CaCl_2$ 低渗溶液中,菌体细胞膨胀,通透性增加。转化混合物中的 DNA 形成抗 DNA 酶的羟基-钙磷酸复合物黏附于细胞表面,经 42℃短时间热激处理,促进细胞吸收 DNA 复合物。将细菌放置在非选择性培养基中保温一段时间,促使在转化过程中获得的新的表型(如 Amp^r 等)得以表达,然后将此细菌培养物涂布含有氨苄青霉素的选择性培养基上。带有外源 DNA 的重组质粒,在体外构建后,导入宿主细胞,随着细胞的大量复制、繁殖,才能够有机会获得纯的重组质粒 DNA,该过程称之为转化过程。

三、实验材料

1. 感受态细胞和质粒。

2. X-gal:

将 X-gal 溶于二甲基甲酰铵，配成 20 mg/mL，分装小包装，避光贮存于－20℃。

3. IPTG：

取 2 g IPTG 溶于 8 mL 双蒸水中，再用双蒸水补至 10 mL，用 0.22 μm 滤膜过滤除菌，每份 1 mL，贮存于－20℃。

4. LB 平板和 LB 培养基。

四、实验步骤

1. 取 100 μL 感受态细胞于冰浴上融化。

2. 加入适量需要繁殖的质粒或连接产物，轻轻吹打混匀，冰浴 30 min。

3. 将菌液放入 42℃水浴中热激 90 s，立即放入冰浴中 2 min。

4. 加入 700～800 μL LB 培养基，于 37℃恒温摇床上 200 r/min 培养 1 h。

5. 将菌液 4 000 rpm 离心 3 min，留 100 μL 上清将菌体重悬，加入 4 μL 1 M IPTG 和 40 μL 20 mg/mL X-gal，均匀涂布于含适当抗生素的 LB 平板表面，平板于 37℃倒置培养过夜。经 12～16 h 培养后，培养皿上生长着很多白色菌落和蓝色菌落，白色菌落一般为 DNA 重组子。

6. 检出转化体和计算转化率。

统计每个培养皿中的菌落数，各实验组培养皿内菌落生长状况及结果分析。

转化子总数＝菌落数×稀释倍数×转化反应原液总体积/涂板菌液体积

转化频率(转化子数/每 μg 质粒 DNA)＝转化子总数/质粒 DNA 加入量(μg)

五、注意事项

1. 要进行蓝白斑筛选，需在菌液中加入 4 μL 1M IPTG 和 40 μL 20 mg/mL X-gal。

2. LB 平板涂布后，先在超净工作台或者培养箱放置 30 min，至液体被吸收。然后再倒置培养。

六、实验报告

计数蓝白斑，计算转化效率。

七、思考题

1.实验中第四步培养基中为什么没有加入抗生素？

2.你认为涂布LB平板后，先正放15～30 min，然后再倒置培养的目的是什么？

实验二十

阳性克隆的筛选

一、实验目的

学习和掌握筛选并鉴定阳性克隆(重组子)的技术。

二、实验原理

重组质粒转化宿主细胞后,还需对平板上长出的菌落进行筛选鉴定,确定含重组子的阳性克隆。常用于克隆的质粒都带有抗生素抗性基因。常用的抗生素有:氨苄青霉素、卡那霉素、氯霉素、四环素、链霉素等。抗生素抗性只能作为重组子初筛,需要结合蓝白斑筛选、限制酶切分析或者 PCR 方法确定。受体菌基因组的β-半乳糖苷酶基因的氨基端缺失一个 146 个氨基酸的短肽(即α肽链),从而不具有生物活性,即无法像野生菌株一样作用于 X-gal 产生蓝色物质。可用于蓝白斑筛选的载体具有一段大肠杆菌β-半乳糖苷酶的启动子及其编码α肽链的 DNA 序列,此结构称为 *lac*Z′基因。*lac*Z′基因编码的α肽链正是β-半乳糖苷酶氨基端缺失的短片段(146 个氨基酸)。宿主菌和质粒编码的片段各自都不具有酶活性,但它们可以通过片段互补,形成具有功能活性的β-半乳糖苷酶,作用于无色的 X-gal 生成蓝色物质,这种现象即为α-互补。任何携带着 *lac*Z′基因的空质粒载体转化了染色体基因组存在着此种β半乳糖苷酶突变的大肠杆菌细胞后,便会产生有功能活性的β-半乳糖苷酶,在 IPIG(异丙基硫代β-D-半乳糖苷)诱导后,在含有 X-gal 的培养基平板上形成蓝色菌落。载体 *lac*Z′基因 5′端还有一个多克隆位点(MCS)区,其本身虽不影响载体编码α肽链的功能活性,而当有外源 DNA 片段插入到位于 *lac*Z′中的多克隆位点后,就会破坏α肽链的阅读框,从而不能合成与受体菌内突变的β-半乳糖苷酶相互补的活性α肽,而导致不能形成有功能活性的β-半乳糖苷酶,因此含有重组质粒载体的克隆往往是白色菌落。而试验中，即使挑取的“白斑”，常常发现有些是假阳性的细菌克隆。一般会结合小量抽提质粒并酶切分析，也可以用PCR方法确定阳性克隆，阳性重组子能切出目的基因对应大小的片段或得到相应大小的PCR产物。本实验介绍蓝白斑筛选初筛后，用少量抽提质粒酶切分析和PCR方法确定阳性克隆的两种方法。

三、实验材料

限制性内切酶，Taq酶，琼脂糖，电泳缓冲液。

四、实验步骤

1. 少量抽提质粒酶切分析。

(1)挑取平板上的白色菌落接种于2 mL含适当抗生素的LB培养基中，37℃振荡培养过夜。

(2)次日取菌液0.2～0.5 mL，12 000 rpm离心3 min，弃上清。

(3)用碱法小量制备质粒DNA(参照实验十五)。

(4)选取适当的酶，对重组子进行酶切分析，酶切体积为10 μL体系。酶切样品进行琼脂糖电泳，鉴定是否有目的基因大小片段。

(5)酶切分析正确的重组子，一份送公司测序，另一份实验室留存。

2. PCR方法确定阳性克隆。

PCR法鉴定阳性克隆有两种方法，一种是菌落PCR，一种是菌液PCR。

(1)菌落PCR是在挑取单菌落时，先将沾有菌落的牙签在LB培养基中沾一下接种，然后在PCR反应液中搅动数下。对应的管子要做好编号。PCR反应和摇菌同时进行。若用菌液PCR法鉴定，先挑单克隆接种1 mL LB培养基，摇菌9 h左右即可取0.5～1.0μL菌液为模板进行PCR检测。

具体方法：PCR反应体系可以减少至10～15 μL。

(2)PCR mixture的制备(以检测10个克隆为例)：

10×PCR Buffer　　15 μL

dNTPs (2.5 mM)	12 μL
Primer Foreward (50 nM)	10 μL
Primer Reverse (50 nM)	10 μL
ddH_2O	102 μL
Taq(5U/μL)	1 μL
总体积	150 μL

将上述溶液混匀，分装于 PCR 薄壁管中，每管分装 14.5 μL。

(3)每管加 0.5～1.0 μL 菌液，混匀。

(4)将混有菌体的 PCR 反应液置 PCR 仪，按常规条件扩增。

(5)PCR 产物用 1%琼脂糖电泳检测，能得到目的基因条带的克隆则为阳性克隆，阳性克隆菌液一分为二，一份送公司测序，另一份实验室留存。

五、注意事项

1. PCR 反应液分装会有损失，当检测克隆超过 10 个时，在装备混合反应液时，适当增加 0.5 个甚至 1 个以上克隆的反应体积。

2. PCR 只能检测阳性克隆是否有基因插入，不能检测是否有突变，仍需要测序确证。

3. PCR 反应引物，可以选用载体上的通用引物，也可以使用克隆目的基因的引物。

六、实验报告

记录转化子鉴定结果，计算目的重组子数。

七、思考题

1. 蓝白斑筛选的原理是什么？有何优缺点？

2. 各种方法确定的阳性克隆，为什么还要测序？

实验二十一

外源基因在大肠杆菌中的表达

一、实验目的

学习和掌握原核细胞中表达外源基因的原理和方法。

二、实验原理

原核表达系统中，最早应用于表达系统是 *Lac* 乳糖操纵子，它由一个操纵序列 *Lac*O、一个启动序列 *Lac*P 以及一个调节基因 *Lac*I 构成的调控区和一个含 Z、Y 及 A 三个基因的结构基因组成，三个结构基因分别编码 β-半乳糖苷酶、透酶和乙酰基转移酶。该操纵子的转录受 CAP 正调控和 *Lac*I 负调控。*Lac*I 基因的表达产物是一种阻遏蛋白，在没有乳糖存在时，表达的阻遏蛋白与操纵基因 *Lac*O 结合，阻碍 RNA 聚合酶与 P 序列结合，从而阻遏转录的起始。当有乳糖存在时，*lac* 操纵子即可被诱导。由于外源基因插入在 *lac* 启动子后边，*lac* 操纵子被阻遏，外源基因就不能起始转录及表达。当细菌增殖到一定密度时（OD_{600}＝0.4～0.6），向培养基中加入 *lac* 操纵子的诱导物 IPTG，阻遏蛋白不能与操纵基因结合，外源基因大量转录并高效表达。在这个操纵子体系中，真正的诱导剂并非乳糖本身。乳糖进入细胞，经 β-半乳糖苷酶催化，转变为半乳糖。半乳糖及其类似物异丙基硫代-β-D-半乳糖苷（IPTG）可以和阻遏蛋白结合，使其构象改变与 *lac*O 序列的结合解离，从而激活转录。IPTG 是一种作用极强的诱导剂，不被细菌代谢而十分稳定，因此被实验室广泛应用。

目前绝大多数重要的目的基因都是在大肠杆菌中表达的。最常用的宿主菌是 BL21 系列菌株，是 lon 和 ompT 蛋白酶缺陷型。其中 BL21（DE3）最为常用。Rosetta(DE3)则是携带了相容性氯霉素抗性的 pRARE2 质粒的 BL21 衍生菌，补充大肠杆菌缺乏的 AUA、AGG、AGA、CUA、CCC 和 GGA 稀有密码子对应 tRNAs，避免真核基因在原核系统中表达时遇到的密码子偏好问题，提高外源基因的表达水平。表达的蛋白样品可以用 SDS-PAGE 电泳或者 Western-blotting 检测，以确定目的蛋白是否表达。

三、实验材料

1. 克隆在 *E. coli* 表达载体中的外源基因。

2. LB 培养基。

3. 50 mg/mL 氨苄青霉素。

4. 1 M 异丙基硫代-β-D-半乳糖(IPTG)。

5. 1×SDS 上样缓冲液：50 mM Tris-HCl，pH 6.8，2%SDS，0.1%BPB，10%甘油，1%β-巯基乙醇(新鲜加入)。

6. PBS：50 mM 磷酸钾，pH 7.4，150 mM NaCl。

四、实验步骤

1. 从 LB 平板上挑取含外源基因的表达菌株克隆，在 LB(含 50 μg/mL Amp)培养基中预培养过夜。

2. 将上述培养液按 1∶50～1∶100 比例接种 100 mL LB 培养基(加入 100 μL 50 mg/mL 氨苄青霉素，使终浓度达 50 μg/mL)。37℃，250～300 r/min，振荡培养 2.5～3 h，使 OD_{600} 值达 0.5～0.8。

3. 取 1 mL 菌液作为不诱导对照，向剩余菌液加入 99 μL 浓度 1 M 的 IPTG，使终浓度达 1 mM，继续于 37℃，250～300 r/min，振荡培养 4～5 h。

4. 取 1 mL 诱导后的菌液用于表达检测，连同不诱导对照在 12 000 rpm 离心 30 s，收集菌体。菌体沉淀以 100 μL 1×SDS 上样缓冲液重悬混匀，于 100℃煮沸 10 min，12 000 rpm 离心 2 min，取 10～20 μL 上清上样，12%SDS-PAGE 检测，确定外源基因是否成功表达。

5. 其余诱导后的菌液 4℃，4 000 rpm，低温离心 10 min，弃上清，收集菌体，用

15 mL 冰预冷的 PBS 重悬，3 000 rpm 离心 20 min，弃净上清；将菌体沉淀在－80℃保存备用（等确定诱导表达成功之后可以进行纯化操作）。

五、思考题

1. 用于扩繁质粒的菌株和用于重组基因表达的菌株有什么区别？
2. 你认为目的基因的表达产物在表达上清还是菌体？与哪些因素有关系？

第二部分

综合性实验篇

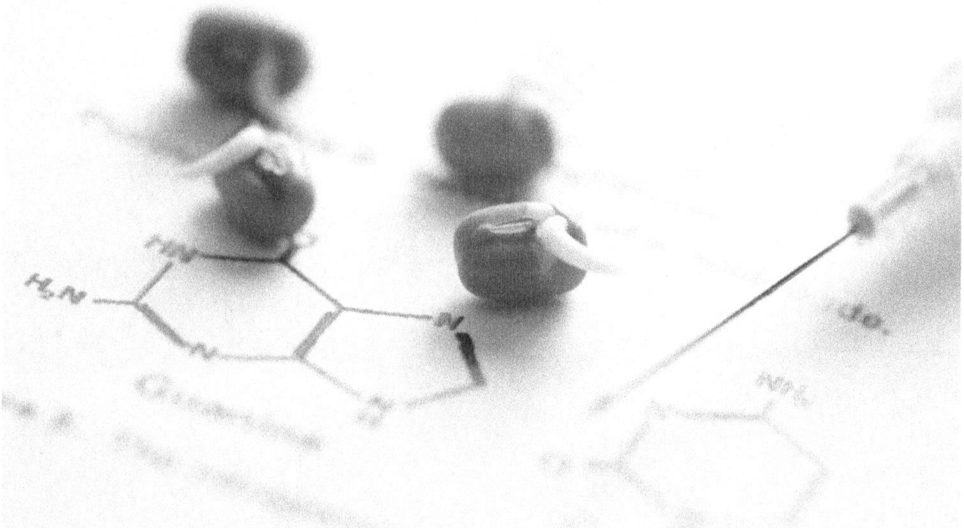

实验二十二

动物细胞总蛋白的提取和SDS-PAGE电泳分析

一、实验目的

学习和掌握动物细胞总蛋白的提取以及用SDS-PAGE电泳检测分析的方法。

二、材料和仪器

1. 材料：

贴壁或悬浮培养的哺乳动物细胞，Eppendorf管，一次性手套。

2. 试剂：

PBS，SDS上样缓冲液，裂解缓冲液配制：50mM Tris-HCl，pH 7.6～8.0缓冲液，含150～300 mM NaCl、1%(W/W) NP-40 (0.5%Triton-X100)、0.02%叠氮化钠100 μg/mL PMSF(现加1 mL加10 μL)临用前加入以下蛋白酶抑制剂：PMSF苯甲酰氟1mM (10 mg/mL PMSF用量：10 μL/mL)或10～20 μg/mL Soybean Trypsin inhibitor (加10～20 μL)。

3. 仪器：

细胞培养箱，冷冻离心机，分光光度计，电泳仪，电泳槽，离心机，微量移液器，恒温水浴锅等。

三、实验步骤

1. 细胞总蛋白的提取。

(1)培养的贴壁动物细胞的蛋白质抽提步骤。

①贴壁细胞培养瓶中小心倾去培养液，放在冰上。

②预冷的 pH 7.4 PBS 清洗贴壁的细胞 2 次，小心倾去 PBS。

③加入预冷细胞裂解缓冲液（10^7 个细胞中加入 1 mL 抽提试剂；5×10^6 个细胞中加入 0.5 mL 抽提试剂），轻轻摇动 5 min。

④将贴壁细胞从培养瓶壁上刮下来，转移细胞悬浮液到离心管中，冰浴下摇动 15 min 进行裂解。

⑤冷冻离心机中 4℃，12 000 rpm 离心 15 min。弃去沉淀，上清液立刻转移入新的离心管中保存待用。

（2）培养的悬浮动物细胞的蛋白质抽提步骤。

①2 500 rpm 离心 10 min 沉淀悬浮的细胞，弃去上清液。

②预冷的 PBS（pH 7.4）悬浮沉淀细胞，2 500 rpm 离心 10 min 沉淀细胞，去上清。

③加入预冷细胞裂解缓冲液（10^7 个细胞中加入 1 mL 抽提试剂；5×10^6 个细胞中加入 0.5 mL 抽提试剂），冰浴中轻轻摇动混合 15 min 进行裂解。

④4℃，12 000 rpm 离心 15 min。弃去沉淀，上清液立刻转移入新的离心管中保存待用。

附：组织中总蛋白的提取

①组织称重，置于 1～2 mL 匀浆器中球状部位，用干净的剪刀将组织块尽量剪碎成小块。

②加 400 μL 三去污剂裂解液裂（含 PMSF）于匀浆器中，进行匀浆。然后置于冰上。

③几分钟后再碾一会儿再置于冰上，重复碾几次使组织尽量碾碎。

④裂解 30 min 后，即可用移液器将裂解液移至 1.5 mL 离心管中，然后在 4℃下 12 000 rpm 离心 5 min，取上清分装于 0.5 mL 离心管中并置于－20℃保存。

2. 蛋白含量的测定（Bradford 法）。

Bradford 法测定蛋白浓度不受绝大部分样品中的化学物质的影响。样品中巯基乙醇的浓度可高达 1M，二硫苏糖醇的浓度可高达 5 mM；但受略高浓度的去垢剂影响，需确保 SDS 低于 0.01％，Triton X-100 低于 0.05％，Tween 20，60，80 低于 0.015％。含去垢剂的样品推荐使用碧云天的 BCA 蛋白浓度测定试剂盒。BCA法测定蛋白浓度不受绝大部分样品中的化学物质的影响，可以兼容样品中高达5%的SDS，5%的Triton X-100，5%的Tween 20，60，80；但受螯合剂和略高浓度的还原剂影响，需确保EDTA低于10 mM，无EGTA，二硫苏糖醇低于1 mM，巯基乙醇低于0.01%。BCA法灵敏度高，检测浓度下限达到25 μg/mL，最小检测蛋白量达到0.5 μg，待测样品体积为1～20 μL。在50～2 000 μg/mL浓度范围内有较好的线性关系。测定波长为540～595 nm，562 nm最佳。

G250染色液使用前需颠倒3～5次，混匀。蛋白标准在全部溶解后先混匀，再稀释成一系列不同浓度的蛋白标准。由于Bradford方法本身的局限性，得到的标准曲线只在一定范围内可以近似成直线，要得到更为精确的蛋白浓度结果，可以参照实际测得的标准曲线大致计算较为精确的蛋白浓度。将G250染色液回复到室温再使用，有利于提高检测的灵敏度。

(1)制作标准曲线。

①从−20℃取出1 mg/mL BSA，室温融化后，备用。

②取18个1.5 mL离心管，3个一组，分别标记为0 μg，2.5 μg，5.0 μg，10.0 μg，20.0 μg，40.0 μg。

③按下表在各管中加入各种试剂。

	0 μg	2.5 μg	5.0 μg	10.0 μg	20.0 μg	40.0 μg
1 mg/mL BSA	—	2.5 μL	5.0 μL	10.0 μL	20.0 μL	40.0 μL
0.15 mol/L NaCl	100 μL	97.5 μL	95.0 μL	90.0 μL	80.0 μL	60.0 μL
G250考马斯亮蓝溶液	1 mL	1 mL	1 mL	1 mL	1 mL	1 mL

④混匀后，室温放置2 min。在分光光度计上A_{595}nm波长比色分析。

(2)检测样品蛋白含量。

①取足量的1.5 mL离心管，每管加入4℃储存的考马斯亮蓝溶液1 mL。室温放置30 min后即可用于测蛋白。

②取一管考马斯亮蓝加0.15 mol/L NaCl溶液100 μL，混匀放置2 min可作为空白样品，将空白倒入比色杯中在做好标准曲线的程序下按blank测空白样品。

③弃空白样品，用无水乙醇清洗比色杯2次（每次0.5 mL），再用无菌水洗一次。

④取一管考马斯亮蓝加95 μL 0.15 mol/L NaCl溶液和5 μL待测蛋白样品，

混匀后静置 2 min，加入比色杯中按 sample 键测样品。

⑤根据标准曲线，计算出样品中的蛋白浓度，测得的结果是 5 μL 样品含的蛋白量。

附：用酶标仪测定蛋白浓度

①分别取 0 μL，1 μL，2 μL，4 μL，6 μL，8 μL，10 μL，15 μL 蛋白标准液，分别加到 96 孔板中，加标准品稀释液补足到 20 μL。加适当体积样品到 96 孔板的样品孔中，加标准品稀释液到 20 μL。

②各孔加入 200 μL G250 染色液，室温放置 3～5 min。

③用酶标仪测定 A_{595}，或 460～610 nm 之间的其他波长的吸光度。

④根据标准曲线，计算样品中的蛋白浓度。

3. SDS-PAGE 电泳。

SDS-聚丙烯酰胺凝胶电泳有两种系统，即只有分离胶的连续系统和有浓缩胶与分离胶的不连续系统。不连续系统中最典型，国内外均广泛使用的是著名的 Ornstein-Davis 高 pH 碱性不连续系统，其浓缩胶 pH＝6.8，分离胶 pH＝8.8。电极缓冲液 pH 8.3，用 Tris、SDS 和甘氨酸配制。

配胶的缓冲液用 Tris、SDS 和 HCl 配制。

(1)样品在电泳过程中首先通过浓缩胶，在进入分离胶前由于等速电泳现象而被浓缩。这是由于在电泳缓冲液中主要存在 3 种阴离子，Cl^-、甘氨酸阴离子以及蛋白质-SDS 复合物，在浓缩胶的 pH 值(6.8)下，甘氨酸只有少量被电离，所以其电泳迁移率最小，而 Cl^- 的电泳迁移率最大。在电场的作用下，Cl^- 最初的迁移速度最快，这样在 Cl^- 后面形成低离子浓度区域，即低电导区，而低电导区会产生较高的电场强度，因此 Cl^- 后面的离子在较高的电场强度作用下会加速移动。达到稳定状态后，Cl^- 和甘氨酸之间形成稳定移动的界面。而蛋白质-SDS 复合物由于相对量较少，聚集在甘氨酸和 Cl^- 的界面附近而被浓缩成很窄的区带(可以被浓缩 300 倍)，所以在浓缩胶中 Cl^- 是快离子(前导离子)，甘氨酸是慢离子(尾随离子)。

(2)当甘氨酸到达分离胶后，由于分离胶的 pH 值(通常 pH＝8.8)较大，甘氨酸离解度加大，电泳迁移速度变大超过蛋白质-SDS 复合物，甘氨酸和 Cl^- 的界面很快超过蛋白质-SDS 复合物。这时蛋白质-SDS 复合物在分离胶中以本身的电泳迁移速度进行电泳，向正极移动。由于蛋白质-SDS 复合物在单位长度上带有相等的电荷，所以它们以相等的迁移速度从浓缩胶进入分离胶，进入分离胶后，由于聚丙烯酰胺的分子筛作用，小分子的蛋白质可以容易地通过凝胶孔径，阻力小，迁移速度快；大分子蛋白质则受到较大的阻力而被滞后，这样蛋白质在电泳过程中就会根据其各自分子量的大小而被分离。

4. 主要试剂的配制。

(1) 三去污剂裂解液：100 mL。

50 mM Tris-HCl(pH 8.0)	0.605 7 g
150 mM NaCl	0.877 5 g
1%脱氧胆酸钠	1 g
0.1% SDS	0.1 g
1% NP-40	1 mL
1 mM PMSF	
10 μg/mL Aprotinin	
10 μg/mL Leupeptin	

1.5 mol/L Tris (pH 8.8)

①称取181.7 g Tris置于1L烧杯中，加入约800 mL去离子水，充分搅拌溶解。

②用浓盐酸调节pH值至8.8。

③定容至1 L，高压灭菌后，室温保存。

(2)1 mol/L Tris (pH 6.8)。

①称取121.1 g Tris置于1 L烧杯中，加入约800 mL去离子水，充分搅拌溶解。

②浓盐酸调节pH值至6.8。

③定容至1 L，高压灭菌后，室温保存。

(3)30%丙烯酰胺(100 mL)。

①称量下列试剂置于烧杯中。

丙烯酰胺	29 g
甲叉双丙烯酰胺 (BIS)	1 g

②加入约60 mL去离子水，充分搅拌溶解。

③定容至100 mL，用0.45 μm滤膜滤去杂质。于棕色瓶中4℃保存。

注：丙烯酰胺具有很强的神经毒性，并可通过皮肤吸收，其作用具有积累性，配

制时应戴手套等。聚丙烯酰胺无毒，但也应谨慎操作，因为可能含有少量的未聚合成分。

(4)10% SDS。

①称取 10 g 高纯度(电泳级)的 SDS 置于 100～200 mL 烧杯中。

②加入约 80 mL 去离子水，68℃加热溶解。

③定容至 100 mL，室温保存。

(5)10%过硫酸铵。

①称取 1 g 过硫酸铵。

②加入约 10 mL 去离子水后搅拌溶解；

③储存于 4℃。

注：10%过硫酸铵溶液 4℃保存时可使用两周左右，过期限会失去催化作用。

(6)5×SDS-PAGE Loading Buffer。

组分浓度：

250 mmol/L	Tris · HCl (pH 6.8)
10% (W/V)	SDS
0.5% (W/V)	溴酚蓝
50% (V/V)	甘油
5% (V/V)	β-巯基乙醇(2-ME)

5 mL 配制方法：

①称量下列试剂置于 10 mL 塑料离心管中。

1 M Tris-HCl (pH 6.8)	1.25 mL
SDS (电泳级)	0.5 g
溴酚蓝(BPB)	25 mg
甘油	2.5 mL

②加去离子水溶解后定容至 5 mL。

③小份(500 μL/份)分装后于室温保存。

④使用前将 25 μL 的 2-ME 加到每小份中。

⑤加入 2-ME 的 Loading Buffer 可在室温下保存一个月左右。

(7)5×Tris-Glycine Buffer(SDS-PAGE 电泳缓冲液)。

组分浓度:0.125 M Tris,1.25 M Glycine,0.5%(W/V) SDS。

①称量下列试剂置于烧杯中。

Tris	15.1 g
Glycine	94 g
10%(W/V) SDS(电泳级)	50 mL

②加入约 900 mL 去离子水搅拌溶解。

③定容至 1 L,室温保存。

(8)制胶。

①不同浓度分离胶对应的蛋白分子量。

根据要分离的目的蛋白分子量大小选择合适的分离胶浓度,再按照配方配制所需的 SDS-PAGE 的分离胶:

SDS-PAGE 分离胶浓度	最佳分离范围 Mr
6%胶	50 kD~150 kD
8%胶	30 kD~90 kD
10%胶	20 kD~80 kD
12%胶	12 kD~60 kD
15%胶	10 kD~40 kD

②不同浓度分离胶配方。

成　　分	配制不同体积 SDS-PAGE 分离胶所需各成分的体积(mL)					
6%胶	5	10	15	20	30	50
蒸馏水	2.0	4.0	6.0	8.0	12.0	20.0
30%Acr-Bis(29∶1)	1.0	2.0	3.0	4.0	6.0	10.0
1M Tris,pH 8.8	1.9	3.8	5.7	7.6	11.4	19.0
10%SDS	0.05	0.1	0.15	0.2	0.3	0.5
10%过硫酸铵	0.05	0.1	0.15	0.2	0.3	0.5
TEMED	0.004	0.008	0.012	0.016	0.024	0.04

成　　分	配制不同体积 SDS-PAGE 分离胶所需各成分的体积(mL)					
8%胶	5	10	15	20	30	50
蒸馏水	1.7	3.3	5.0	6.7	10.0	16.7
30%Acr-Bis(29:1)	1.3	2.7	4.0	5.3	8.0	13.3
1M Tris,pH 8.8	1.9	3.8	5.7	7.6	11.4	19.0
10%SDS	0.05	0.1	0.15	0.2	0.3	0.5
10%过硫酸铵	0.05	0.1	0.15	0.2	0.3	0.5
TEMED	0.003	0.006	0.009	0.012	0.018	0.03

成　　分	配制不同体积 SDS-PAGE 分离胶所需各成分的体积(mL)					
10%胶	5	10	15	20	30	50
蒸馏水	1.3	2.7	4.0	5.3	8.0	13.3
30%Acr-Bis(29:1)	1.7	3.3	5.0	6.7	10.0	16.7
1M Tris,pH 8.8	1.9	3.8	5.7	7.6	11.4	19.0
10%SDS	0.05	0.1	0.15	0.2	0.3	0.5
10%过硫酸铵	0.05	0.1	0.15	0.2	0.3	0.5
TEMED	0.002	0.004	0.006	0.008	0.012	0.02

成　　分	配制不同体积 SDS-PAGE 分离胶所需各成分的体积(mL)					
12%胶	5	10	15	20	30	50
蒸馏水	1.0	2.0	3.0	4.0	6.0	10.0
30%Acr-Bis(29:1)	2.0	4.0	6.0	8.0	12.0	20.0
1M Tris,pH 8.8	1.9	3.8	5.7	7.6	11.4	19.0
10%SDS	0.05	0.1	0.15	0.2	0.3	0.5
10%过硫酸铵	0.05	0.1	0.15	0.2	0.3	0.5
TEMED	0.002	0.004	0.006	0.008	0.012	0.02

成　　分	配制不同体积 SDS-PAGE 分离胶所需各成分的体积(mL)					
15%胶	5	10	15	20	30	50
蒸馏水	0.5	1.0	1.5	2.0	3.0	5.0

续 表

成　　分	配制不同体积 SDS-PAGE 分离胶所需各成分的体积(mL)					
30%Acr-Bis(29∶1)	2.5	5.0	7.5	10.0	15.0	25.0
1M Tris,pH 8.8	1.9	3.8	5.7	7.6	11.4	19.0
10%SDS	0.05	0.1	0.15	0.2	0.3	0.5
10%过硫酸铵	0.05	0.1	0.15	0.2	0.3	0.5
TEMED	0.002	0.004	0.006	0.008	0.012	0.02

注:如果配制非变性胶,参考上述配方,不加 10%SDS 即可。

③浓缩胶(也称堆积胶或积层胶)配方。

成　　分	配制不同体积 SDS-PAGE 浓缩胶所需各成分的体积(mL)					
5%胶	2	3	4	6	8	10
蒸馏水	1.4	2.1	2.7	4.1	5.5	6.8
30%Acr-Bis(29∶1)	0.33	0.5	0.67	1.0	1.3	1.7
1M Tris,pH 8.8	0.25	0.38	0.5	0.75	1.0	1.25
10%SDS	0.02	0.03	0.04	0.06	0.08	0.1
10%过硫酸铵	0.02	0.03	0.04	0.06	0.08	0.1
TEMED	0.002	0.003	0.004	0.006	0.008	0.01

TEMED、过硫酸铵催化和加速聚丙烯酰胺的凝固。

④装板:将玻璃板洗干净,再用蒸馏水冲洗干净后晾干。将两块玻板装入玻板夹,注意两块玻板的底端一定要对齐,然后扣紧板卡。将制胶橡胶条放在制胶架上,将玻板夹卡上制胶架。

⑤灌胶:根据蛋白质分子量大小配制所需浓度的分离胶,加入 10%过硫酸铵和 TEMED 后立即混匀即可灌胶;用 1 mL 或者 5 mL 移液器枪吸取混合好的分离胶沿玻璃一侧缓缓加入,以免产生气泡,待胶液面升到合适高度时即可封胶;分离胶灌到所需高度后,应立即封胶,一般直接用水封胶即可,也可用 0.1%的 SDS 封;当水和胶交界处有一条折射线时,表明胶已聚合。倒掉封胶的 ddH_2O 或者 0.1%的 SDS,将玻璃板倒立放置片刻控净或用吸水纸将水吸干;将配好的 5%浓缩胶,沿玻璃板一侧缓缓加入,灌满后将梳子插入浓缩胶中。插梳子

时要使梳子保持水平。待到浓缩胶凝固后，两手分别捏住梳子的两边竖直向上轻轻将其拔出，拔出梳子后用 ddH_2O 冲洗胶孔两遍以去除残胶。将两块玻板夹卡上电泳支架，形成电泳上槽。将 1×电泳缓冲液倒满上槽，其余的倒入下槽。

(9)加样。

取出样品至 1.5 mL 离心管中，加入 5×SDS 上样缓冲液至终浓度为 1×。上样总体积一般不超过 15 μL，加样孔的最大限度可加 20 μL 样品。上样前将样品于沸水中煮 5～10 min。加电泳液后开始上样。将加样器针头插至加样孔中缓慢加入样品。样品加完后，如有剩余的加样孔，应加上等体积的 1×SDS 凝胶加样缓冲液。

(10)电泳。

将电泳槽与电泳仪相接，正极(红色)接下槽。打开电源，恒压 80 V 电泳，当溴酚蓝前沿进入分离胶，把电压提高至 120～140 V，继续电泳直至溴酚蓝到达分离胶底部，电泳结束。

(11)考马斯亮蓝染色。

考马斯亮蓝是一类特异与蛋白质结合的蓝色染料。首先将凝胶浸入考马斯亮蓝中，整个凝胶着色，接着进行脱色，胶中被固定并染色的蛋白质不被脱色，而不含蛋白质的凝胶部分则全部脱色，结果呈现蛋白质区带。考马斯亮蓝有 R-250 和 G-250 两种，考虑凝胶染色的检出灵敏度，一般常用 R-250。

具体操作如下：

①将凝胶浸入染色液[0.1%考马斯亮蓝 R-250，40%甲醇(或乙醇)和 10%冰醋酸]中，染色 0.5～1 h 弃去染色液。

②加入脱色液[10%甲醇(或乙醇)和 10%冰醋酸]，脱色 1～3 h，其间更换脱色液，至背景透明清楚为止。染色液中的甲醇和冰醋酸，在染色过程中，还起固定蛋白质的作用。此法的检测灵敏度为 0.2～1 g。

(12)观察拍照。

当凝胶的背景色脱去，凝胶无色透明后，可以用于观察目的蛋白的浓度、分子量等信息。拍照记录，凝胶用保鲜膜包好可以长期储存。

四、实验报告

拍照并记录凝胶电泳结果。

五、思考题

1. 蛋白质提取中，加入蛋白酶抑制剂的目的是什么？
2. 蛋白质上样前，煮沸和加入 β-巯基乙醇(2-ME)有什么用处？

实验二十三

基因的克隆和序列的生物信息学分析

一、实验目的

学习基因克隆的策略和基本流程，掌握综合应用分子生物学各项基本技术和方法。

二、实验原理

拟南芥 *Actin*1 基因（Genbank 登录号：NM_179953），编码 Actin 肌动蛋白。*Actin* 肌动蛋白是植物细胞骨架中的一种主要蛋白质成分，具有重要的生理功能。众多研究表明，*Actin* 基因不论在核苷酸还是氨基酸水平上都具有高度的保守性和同源性，在各种组织中恒定表达，因而常被作为研究其他基因的表达模式及调控机制的分子内标，以比较不同来源的目的基因表达量的差异。由于 *Actin* 基因被视为一种"看家基因（house-keeping gene）"，因而在很多 Western 和 RT-PCR 实验中通常用来作为内参使用。本实验将以拟南芥为材料，克隆其 *Actin*1 基因并进行序列分析。

三、材料、试剂和设备

1. 材料：

制备好的拟南芥 cDNA，引物。

2. 试剂：

(1) PCR 试剂：10 × PCR Buffer、ddH_2O、dNTP Mixture、TaKaRa Ex Taq HS、上下游 PCR 引物（10 pM）。

(2)DNA 回收:凝胶回收试剂盒、TAE Buffer、电泳上样缓冲液、EB、DNA Marker。

(3)PCR 产物克隆:pEasy-T1 克隆试剂盒、LB 培养基、LB 平板、X-gal、IPTG。

3. 设备:

Primer Premier 软件,PCR 仪,离心机,恒温水浴锅,电泳仪及配套电泳槽,微量移液器,冰盒,超净工作台,培养箱,摇床,玻璃试管,玻璃棒,紫外成像系统。

四、实验步骤

1. 序列获取与引物设计。

(1)在 Genbank 搜寻拟南芥 *Actin*1 基因(登录号:NM_179953),找到序列后复制序列保存成文本文件(序列长 1 618 bp,编码 377 个氨基酸)。

(2)利用 ORF Finder(http://www.ncbi.nlm.nih.gov/gorf/gorf.htmL)搜寻拟南芥 *Actin*1 的开放阅读框,利用 Primer Premier 软件在其 ORF 两端设计特异引物。

注:引物长度 20～25 bp,GC 含量 40%～60%,*T*m 温度 60～65℃。

建议引物:

上游引物 5′-ATGGCTGATGGTGAAGACATTCAAC-3′

下游引物 5′-GATCAACTTTGAACTCAGAAGCACT-3′

(3)由生物公司合成引物备用。

2. PCR 扩增基因。

(1)以拟南芥 cDNA 为模板,按下列组成配制 PCR 反应液(25 μL 体系)。

组分(Component)	体积(Volume)
10×PCR Buffer	2.5 μL
dNTPs(2.5 mM)	2.0 μL
上游 PCR 引物	1.0 μL
下游 PCR 引物	1.0 μL
TaKaRa Ex Taq	0.2 μL
拟南芥 cDNA	2.0 μL
ddH_2O	16.3 μL
总计(Total)	25.0 μL

(2)把上述共 25 μL 的反应液加入到 PCR 反应管中轻轻混匀。

(3)按以下条件进行 PCR 反应。

步骤(Step)	温度(Temp)	时间(Time)	循环(Cycle)
1	94℃	3 min	1
2	94℃	30 s	30
	56℃	30 s	
	72℃	90 s	
3	72℃	5 min	1
4	16℃	—	1

3. PCR 产物克隆。

(1)将 PCR 产物进行琼脂糖电泳(见实验七 DNA 琼脂糖凝胶电泳)。

(2)将目的条带割出进行 DNA 回收(见实验八 琼脂糖凝胶中 DNA 的回收)。

(3)将回收后的 PCR 产物与 T 载体连接。

①在洁净的 0.2 mL PCR 管中依次加入下列各组分:

pEasy-T1 载体	1 μL
PCR 产物	0.5-4 μL
ddH_2O	至 5 μL
总体积	5 μL

②轻混反应物,并在室温连接反应 10~15 min(时间可延长)。

(4)大肠杆菌的转化(无菌操作)。

①将连接产物加入到 50 μL 的 Trans-T1 感受态细胞里,用加样枪轻轻吹打,将质粒与感受态细胞混合均匀,冰浴 30 min。

②42℃水浴热激 30 s,立即在冰上冷却 2 min。

③加入 500 μL LB 培养基(Amp^-),37℃孵育 1 h。

④4 000 rpm 离心 2 min,在超净工作台用枪头吸取 400 μL 上清弃掉,用加样枪吹打将细胞悬浮。

⑤将悬浮细胞全部吸取并转移至含 X-gal 和 IPTG 的 LB(Amp^+)平板上,用无菌玻璃棒涂布均匀,37℃倒置培养过夜。

4. 转化子的筛选及 PCR 鉴定。

(1)转化结果观察：将 37℃ 培养过夜的平板取出，平板上蓝色菌落即初步认定为未转化菌，白色菌落初步认定为转化子。

(2)菌落 PCR：挑取白色克隆进行菌液 PCR，准备 7 份 PCR 体系(包括 6 个白色克隆和 1 个不加菌液的阴性对照)。

①按顺序在离心管中加入 PCR 各组分：

10× PCR Buffer	14 μL
dNTPs(2.5 mM)	11.2 μL
上游引物(10 pM)	7 μL
下游引物(10 pM)	7 μL
Taq DNA polymerase	1.4 μL
ddH_2O	99.4 μL
总体积	140 μL

将各组分混匀后，在 PCR 管中分装成 7 份，每管 20 μL。

(3)常温下随机挑选一个转化板上的转化子，用灭菌的小枪头挑取少量菌体；先将小枪头放入一支装有约 300 μL LB(Amp^+)培养基的离心管中洗涤 2～3 次，然后将同一枪头浸入装有 PCR Mixture 的 PCR 管中反复吹打以作扩增模板，共挑选 6 个白色克隆；余下一个反应，不加转化子模板，作为阴性对照。将以上 7 个 PCR 管轻微离心后，放入 PCR 仪，设置反应程序：

步骤(Step)	温度(Temp)	时间(Time)	循环(Cycle)
1	94℃	3 min	1
2	94℃	30 s	30
	56℃	30 s	
	72℃	90 s	
3	72℃	5 min	1
4	16℃	—	1

(4)上述操作(2)中的洗涤过有菌枪头的 LB 离心管，空气摇床 37℃，180～200 r/min 过夜(12～14 h)扩增培养，以备后续实验质粒提取及酶切使用。

(5)取少量 5 μL PCR 反应产物，1%琼脂糖电泳分析。

(6)紫外检测仪下观察并记录扩增片段大小。条带清晰,大小与预计一致的为阳性克隆。

注:电泳时需有标准 DNA 分子量 Marker 和不加模板的阴性对照样品。

(7)根据电泳结果,挑选操作(4)中培养获得的克隆菌液,送至测序公司测序。

5. 测序结果分析。

(1)将测序结果导入 GeneDoc 或者 DNAStar 软件,分别搜寻上下游引物(注意引物的方向),将上下游引物中间的序列复制保存,即为克隆获得的拟南芥 *Actin*1 基因序列。

(2)利用 BLAST(http://www.ncbi.nlm.nih.gov/BLAST)对获得的序列进行相似性搜索,验证克隆获得的序列是否为拟南芥 *Actin*1 基因。

(3)利用 GeneDoc 或者 DNAStar 软件将克隆获得的序列与原有序列进行比对,检查克隆得到的序列与原序列是否存在差异,并分析原因。

(4)利用 ORF Finder(http://www.ncbi.nlm.nih.gov/gorf/gorf.htmL)搜寻克隆获得序列的开放阅读框,并将其翻译成氨基酸序列。

(5)利用蛋白质保守结构域推测工具 SMART(http://smart.embl-heidelberg.de)分析拟南芥 *Actin*1 蛋白质的结构域。

(6)从 GenBank 中下载其他植物物种的 Actin 蛋白序列,利用 MEGA4 软件构建系统进化树。

五、注意事项

1. 设计引物时应注意以下基本原则:长度 15～30 bp,引物碱基尽可能随机分布(GC 含量 40%～60%),引物内部链避免二级结构,引物碱基序列不应与非扩增区域有同源性或少于连续 8 个的互补碱基,引物的 3′端避免出现超过 3 个的连续 G 或 C。

2. 配制 PCR 反应液时吸取微量液体时务必要小心,确保将其全部转移至反应液中。

3. 配制 PCR 反应液要确保反应液混合均匀,但吹打时不要产生过多气泡。

4. α 互补筛选是非常可靠的,但不是所有的白色克隆都携带重组质粒。*Lac* 序列的突变或丢失可能掩盖质粒表达 α 片段的能力。

5. 挑取转化子菌落的时候，若难以控制菌落的浓度，可用 10 μL 无菌水稀释克隆，再各取 1～2 μL 作为 PCR 的模板和进行摇菌。

6. 进行菌液 PCR 时要注意避免操作中每一步可能造成的人为污染，增加阴性对照是必要的。

六、实验结果

根据测序结果分析克隆得到的 *Actin* 基因。

七、思考题

1. 若转化后平板上未长出克隆，可能的原因有哪些？
2. 若克隆获得的片段与 GenBank 中的序列有差异，可能的原因有哪些？

实验二十四

GST 融合蛋白在大肠杆菌中的诱导表达及纯化

一、实验目的

1. 学习外源基因原核诱导表达的原理和方法。

2. 学习重组蛋白亲和层析的原理和方法。

二、实验原理

外源基因克隆在含有 *lac* 启动子的表达系统中。先让宿主菌生长，*lac* I 产生的阻遏蛋白与 *lac* 操纵基因结合抑制下游的外源基因转录。向培养基中加入诱导物 IPTG(异丙基硫代-b-D-半乳糖)，解除抑制使外源基因大量表达。表达的蛋白可经 SDS-PAGE 或 Western-blotting 检测。

三、材料、试剂与仪器

1. 材料：

pGEX-4T-GFP 菌株、LB 培养基。

2. 试剂：

(1)100 mg/mL IPTG。

(2)结合缓冲液(PBS)：140 mM NaCl，2.7 mM KCl，10 mM Na_2HPO_4，1.8 mM KH_2PO_4，pH 7.3。

(3)洗脱缓冲液：50 mM Tris-HCl，10 mM 还原型谷胱甘肽，pH 8.0。

(4) PBS 缓冲液：140 mM NaCl，2.7 mM KCl，10 mM Na_2HPO_4，1.8 mM KH_2PO_4，pH 7.4。

高端 pH 值：0.1 M Tris-HCl，0.5 M NaCl，pH 8.5。

低端 pH 值：0.1 M 醋酸钠，0.5 M NaCl，pH 4.5。

注：以上溶液都用超纯水配制，并用 0.45 μm 滤膜过滤。

3. 仪器：

培养箱、冷冻高速离心机、水浴锅、移液器。

四、操作步骤

1. 表达纯化 GST 融合蛋白。

(1)BL21 活化：取 20 μL 菌液（Amp^r）加入 10 mL LB(500 倍稀释)，37℃，250 r/min，振荡培养过夜(16 h)。

(2)取 10 mL 菌液加入 100 mL LB(Amp^r)，二次活化。

(3)剩余菌液 4℃保存。

(4)37℃，250 r/min，振荡培养 2 h，OD_{600} 0.6～0.8(OD_{600}小于 1.0 即可)。

(5)取 1 mL 菌液作为诱导前对照，冰上放置。

(6)加入 IPTG，终浓度 1 mM。

(7)30℃，250 r/min，诱导适当时间，2～4 h(可做时间梯度，预实验确定)。

(8)取 1 mL 菌液作为诱导后对照，连同诱导前菌液，12 000 rpm 离心 2 min，收集菌体，加入 100 μL 1×SDS 上样缓冲液。

(9)其余菌液，分为两份，倒入 50 mL 离心管，5 000 rpm 离心 20 min，收集细胞。

(10)每管加入 8～10 mL GST 裂解缓冲液重悬菌体，转移小烧杯中(无气泡)，加入 DNA 酶和 RNA 酶至终浓度 5 μg/mL。

2. 制备细胞裂解物：

(1)超声破碎细胞：超声 3 s，间隔 10 s，40 次左右，超声强度 200～300 W(冰浴)。

(2)将超声后菌液转移至 50 mL 离心管中，4℃，13 000 rpm，离心 20～30 min。

(3)将上清转移至 50 mL 离心管中，取出 50 μL，加入 50 μL 2×SDS 上样缓冲液；其余上清经 0.45 μm 滤膜过滤后，−80℃保存。

(4)将沉淀加入 16～20 mL GST 裂解缓冲液(或 PBS)重悬，取出 50 μL，加入

50 μL 2×SDS 上样缓冲液；其余沉淀经 0.45 μm 滤膜过滤后，－80℃保存。

3. 检测：

(1)将四个样品煮沸 3 min，12 000 rpm，离心 5 min。

(2)8%～10% SDS-PAGE 检测诱导、超声是否合适，30 μL 上样，顺序：诱导前菌体、诱导后菌体、超声后上清和超声后沉淀。

(3)考马斯亮蓝染色。

4. 纯化融合蛋白：

(1)混匀 glutathione sepharose beads(4B)(mixed slurry)，取 2 mL 加入100 mL 离心管中(2 份)。

(2)加入 20 mL PBS，混匀，3 000 rpm 离心 3 min，弃上清，重复 3 次。

(3)细胞裂解物与 50%谷胱甘肽-琼脂糖树脂匀浆混合，每 100～300 mL 细胞培养物(上清)加 2 mL 树脂，于室温下(4℃)轻摇 60 min～3 h(或过夜)。

(4)混合物于 4℃以 2 100 rpm 离心 5 min，小心去上清并留样少许进行 SDS-PAGE。

(5)沉淀中加入 10 倍标准体积的 PBS，颠倒离心管数次混匀，洗去未与树脂结合的蛋白(20 mL GST 裂解缓冲液洗涤，冰上)。

(6)4℃ 2 100 rpm 离心 5 min，小心去上清并留样少许进 SDS-PAGE。

(7)重复步骤 5 和步骤 6 两次。

(8)结合的 GST 融合蛋白可用谷胱甘肽洗脱缓冲液洗脱，也可用凝血酶、肠激酶或 Xa 因子切割，释放靶蛋白。

5. 用谷胱甘肽洗脱融合蛋白：

(1)沉淀中加入 0.5 倍柱床体积的谷胱甘肽洗脱缓冲液，室温轻轻搅动 10 min，洗脱树脂上结合的蛋白。

(2)4℃ 2 100 rpm 离心 5 min，上清转移至新管中。

6. 蛋白酶解，从结合的 GST 融合蛋白上回收靶细胞：

(1)在结合了融合蛋白的树脂中加入凝血酶、肠激酶或 Xa 因子。每毫升树脂加入 50 U 溶于 1 mL PBS 的蛋白酶，颠倒离心管数次混匀，室温下振荡 2～16 h，用小规模实验确定精确时间。

(2)4℃ 2 100 rpm 离心 5 min，上清小心移至新管中。

(3)10% SDS-PAGE 分析每一步(细胞抽提，洗涤和洗脱)样品的蛋白质组成。

7. 谷胱甘肽琼脂糖树脂的处理：

(1)轻轻颠倒盛有谷胱甘肽-琼脂糖树脂的容器，将树脂混成匀浆。

(2)取部分匀浆放入 15 mL 聚丙烯管(每 100 mL 细菌培养物需要 2 mL 匀浆)。

(3)4℃ 2 100 rpm 离心 5 min，小心去上清。

(4)在树脂中加入 10 倍柱床体积的冷 PBS，颠倒数次，混合匀浆，4℃ 2 100 rpm 离心 5 min，小心去上清。

(5)用 2～3 倍凝胶体积的，高端 pH 值为 8.5(0.1 M Tris-HCl，0.5 M NaCl，pH 8.5)和低端 pH 值为 4.5(0.1 M 醋酸钠，0.5 M NaCl，pH 4.5)的缓冲液交替冲洗凝胶。

(6)重复循环 3 次。

(7)立即用 3～5 个凝胶体积的结合缓冲液再平衡凝胶。

(8)每毫升树脂加入 1 mL 冷 PBS，制成 50%匀浆，颠倒数次，悬浮冰上放置待用。

8. 储存。

用 20%乙醇在中性 pH 条件下冲洗凝胶，4℃储存。

五、实验结果

记录 DNA 浓度和电泳检查结果。

六、注意事项

1. 菌液 OD 值小于 1 即可。

2. 诱导时间最好做一个梯度，2～6 h。

3. 诱导温度适当摸索，24℃、30℃。

4. IPTG 浓度可做梯度，1 mM。

5. 超声条件可视实际情况改变，只要使细菌裂解充分即可，即菌液清亮不黏稠。

6. GST 裂解缓冲液可用 PBS 代替。

七、思考题

1. 简述诱导外源基因表达的基本原理。
2. 简述免疫亲和层析的原理与特有优势。

第三部分

附　录

分子生物学实验指导

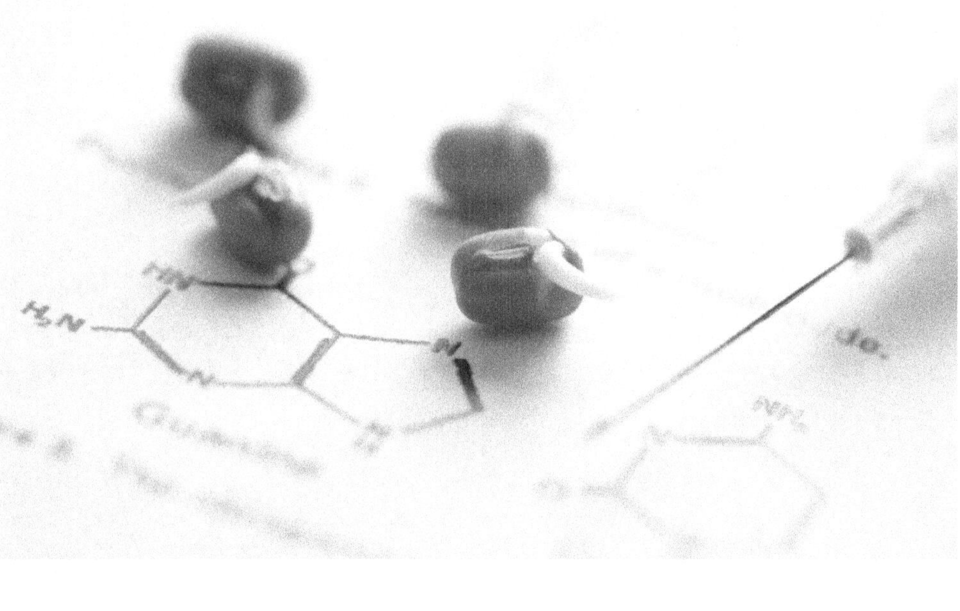

附录 1
简　写

简　写	英　文	中　文
A_{260}	absorbance at 260 nm	260nm 处吸光
Acr	acrylamide	丙烯酰胺
AD	activating domain	激活域
AEC	3-amino-9-ethylcarbazole	3-氨基-9-乙基咔唑
AGPC	acid guanidinium-phenol-chloroform	硫氰酸胍/酚/氯仿
Amp	ampicillin	氨苄青霉素
AMV	avian myeloblastosis virus	禽成髓细胞瘤病毒
AP	alkalierialne phosphatase	碱性磷酸酶
APS	ammonium persulfate	过硫酸铵
BAP	bacterial alkaline phosphatase	细菌碱性磷酸酶
BCA	bicinchoninic acid	二喹啉甲酸
BCIP	5-bromo-4-chloro-3-indolyl phosphatase	5-溴-4 氯-3 吲哚磷酸酯
BD	binding domain	结合域
Bis	N,N-methylene-bisacrylamide	亚甲基双丙烯酰胺
bp	base pair	碱基对
BPB	bromophenol blue	溴酚蓝
BSA	bovine serum albu min	牛血清蛋白
cAMP	adenosine 3′,5′-cyclic-monophosphate	环腺苷酸
CAT	chloramphenicol acetyltransferase	氯霉素乙酰转移酶
CBB	coomaise brilliant blue	考马斯亮蓝
cccDNA	covalently closed circular DNA	供价闭合环状 DNA
cDNA	complementany DNA	互补 DNA
CIAA	chloroform/isoamyl alcohol	氯仿/异戊醇

续 表

简　写	英　文	中　文
CIAP	calf intestine alkaline phosphatase	小牛肠碱性磷酸酶
Cm	chloramphenicol	氯霉素
cpm	counts per minute	每分钟计数(同位素脉冲素)
cos	cohesion site	黏性位点
CTAB	cetyltrimethhyl ammonium bromide	十六环基三甲基溴化铵
ddNTP	2′,3′-dideoxynucleoside 5′-triphosphate	双脱氧核苷三磷酸
DAB	dia minobenzidine	二氨基联苯胺
DEAE	diethylamrocarbonate	二乙胺乙基
DEPC	diethylpyrocarbonate	焦碳酸二乙酯
DMF	N,N′-dimethylformamide	二甲基甲酰胺
DMSO	dimethyl sulfoxide	二甲基亚砜
DNS	dinitrosalicylic acid	3,5-二硝基水杨酸
dNTP	2′-deoxynuleoside 5′-triphospate	脱氧核苷三磷酸
ds	double strand	双链
DTT	dithiothreitol	二硫苏糖醇
EB	ethidium bromide	溴化乙啶
E. coli	*Escherichia coli*	大肠杆菌
EDTA	ethylenedia minettraacetic acid	乙二胺四乙酸
EGTA	ethyleneglycol bis(2-a minoethylether)-tetraacetic acid	乙二醇双(2-氨基乙醚)四乙酸

附录2

常用碱基、氨基酸符号及缓冲液

表附 2-1　碱基符号

记号	N	B	D	H	V	K	M	R	S	W	Y
碱基	任意	非 A	非 C	非 G	非 T	G/T	A/C	A/G	C/G	A/T	C/T

表附 2-2　甘氨酸-氢氧化钠缓冲液(0.05 mol/L，pH 8.6～10.6)

50 mL 0.2 mol/L 甘氨酸＋X 0.2 mol/L NaOH 加 ddH_2O 稀释至 200 mL。

pH	X/mL	ddH_2O/mL	pH	X/mL	ddH_2O/mL
8.6	4.0	146.0	9.6	22.4	127.6
8.8	6.0	144.0	9.8	27.2	122.8
9.0	8.8	141.2	10.0	32.0	118.0
9.2	12.0	138.0	10.4	38.6	111.4
9.4	16.8	133.2	10.6	45.5	104.5

0.2 mol/L 甘氨酸：15.01 g/L 甘氨酸(Mr＝75.07)。

表附 2-3　甘氨酸-盐酸缓冲液(0.05 mol/L，pH 2.2～3.6)

50 mL 0.2 mol/L 甘氨酸＋X 0.2 mol/L NaOH 加 ddH_2O 稀释至 200 mL。

pH	X/mL	ddH_2O/mL	pH	X/mL	ddH_2O/mL
2.2	44.0	106.0	3.0	11.4	138.6
2.4	32.4	117.6	3.2	8.2	141.8
2.6	24.2	125.8	3.4	6.4	143.6
2.8	16.8	133.2	3.6	5.0	145.0

0.2 mol/L 甘氨酸：15.01 g/L 甘氨酸(Mr＝75.07)。

表附 2-4　氨基酸符号

中文全称	英文全称	三字母符号	单字母符号	相对分子质量	密码子
丙氨酸	alanine	Ala	A	90	GCN
半胱氨酸	cysteine	Cys	C	121	TGY

续 表

中文全称	英文全称	三字母符号	单字母符号	相对分子质量	密码子
天冬氨酸	aspartate	Asp	D	133	GAY
谷氨酸	glutamate	Glu	E	147	GAR
苯丙氨酸	phenylalanine	Phe	F	165	TTY
甘氨酸	glycine	Gly	G	75	GGN
组氨酸	histidine	His	H	155	CAY
异亮氨酸	isoleucine	Ile	I	131	ATH
赖氨酸	lysine	Lys	K	146	AAR
亮氨酸	leucine	Leu	L	131	TTR/CTN
甲硫氨酸	methionine	Met	M	149	ATG
天冬酰胺	asparagine	Asn	N	132	AAY
脯氨酸	proline	Pro	P	115	CCN
谷氨酰胺	gluta mine	Gln	Q	146	CAR
精氨酸	arginine	Arg	R	174	CGN/AGR
丝氨酸	serine	Ser	S	105	TCN/AGY
苏氨酸	threonine	Thr	T	119	ACN
缬氨酸	valine	Val	V	117	GTN
色氨酸	tryptophan	Trp	W	204	TGG
酪氨酸	tyrosine	Tyr	Y	181	TAY
Asp/Asn		Asx	B		
Glu/Gln		Glx	Z		

表附 2-5 Tris-盐酸缓冲液(0.05 mmol/L,pH 7.1～8.9,25℃)

50 mL 0.1 mol/L 三羟甲基氨基甲烷(Tris)溶液与 X mL 0.1 mol/L 盐酸混合后,加 ddH_2O 稀释至 100 mL。

pH	X/mL	ddH_2O/mL	pH	X/mL	ddH_2O/mL
7.10	45.7	54.3	8.10	26.2	73.8
7.20	44.3	55.7	8.20	22.9	77.4
7.30	43.4	56.6	8.30	19.9	80.1
7.40	42.0	58.0	8.40	17.2	82.8
7.50	40.3	59.7	8.50	14.7	85.3

续 表

pH	X/mL	ddH_2O/mL	pH	X/mL	ddH_2O/mL
7.60	38.5	61.5	8.60	12.4	87.6
7.70	36.6	63.4	8.70	10.3	89.7
7.80	34.5	65.5	8.80	8.5	91.5
7.90	32.0	68.0	8.90	7.0	93.0
8.00	29.2	70.8			

0.1 mol/L 三羟甲基氨基甲烷(Tris):12.11 g/L Tris (Mr=121.14)。

表附 2-6 磷酸盐(Na_2HPO_4-NaH_2PO_4)缓冲液(0.2 mol/L,pH 5.8～8.0,25℃)

pH	0.2 mol/L Na_2HPO_4/mL	0.2 mol/L NaH_2PO_4/mL	pH	0.2 mol/L Na_2HPO_4/mL	0.2 mol/L NaH_2PO_4/mL
5.8	8.0	92.0	7.0	61.0	39.0
5.9	10.0	90.0	7.1	67.0	33.0
6.0	12.3	87.7	7.2	72.0	28.0
6.1	15.0	85.0	7.3	77.0	23.0
6.2	18.5	81.5	7.4	81.0	19.0
6.3	22.5	77.5	7.5	84.0	16.0
6.4	26.5	73.5	7.6	87.0	13.0
6.5	31.5	68.5	7.7	89.5	10.5
6.6	37.5	62.5	7.8	91.5	8.5
6.7	43.5	56.5	7.9	93.0	7.0
6.8	49.0	51.0	8.0	94.7	5.3
6.9	55.0	45.0			

0.2 mol/L Na_2HPO_4:35.61 g/L $Na_2HPO_4 \cdot 2H_2O$(Mr=178.05)

或 71.64 g/L $Na_2HPO_4 \cdot 12H_2O$(Mr=358.22)

0.2 mol/L NaH_2PO_4:31.21 g/L $NaH_2PO_4 \cdot 2H_2O$(Mr=156.03)

附录3

实验室注意事项

1. 实验前应做好试剂的配制和用品的灭菌等准备工作。配制分子生物学实验各种试剂，必须使用双蒸水。

2. 使用后的器皿必须认真清洗干净，洗完后还要用双蒸水冲洗3遍。

3. 凡是可以进行灭菌的试剂和用具都必须经过高压蒸汽灭菌后使用，防止其他杂质或酶对DNA、RNA或蛋白质的降解。

4. 凡是操作所用的一切熟料器具(Eppendorf管、吸头等)，使用前都应装入盒子或瓶子中灭菌，且装盒或装瓶过程都应采用镊子，或戴上一次性手套进行操作，不可以徒手取，严防手上杂酶污染。

5. 对于Eppendorf管、吸头及非玻璃离心管等只能湿热灭菌，然后放置于50℃温箱烘干后使用。每次吸头用毕应更换，防止试剂互相污染。

6. 加试剂前，应短促离心10 s，然后打开管盖，以防手套污染试剂及管壁上的试剂污染吸头侧面。

7. 实验中加入任何试剂后应注意样品的混匀，保温等反应后的样品也应离心后再进行下步的实验。

8. 限制性内切酶等工具酶保存于50%的甘油中，−20℃可以长期保存。应自始至终将酶保持在零度以下，取酶时不能用手指接触储存酶的部分。在需要加酶的时候将酶从冰箱中取出，放入冰盒里，用完后立即放回冰箱，尽量缩短酶离开冰箱的时间。

9. 使用仪器前先了解其性能、配备及正确的操作方法，应严格遵守操作规程，发现故障立即报告，严禁擅自拆卸零件与附件，请勿私自调整仪器。

10. 微量移液器(pipetman)的使用：微量移液器是连续可调的、计量和转移液体的专用仪器，其装有直接读数容量计，读数由三位拨号数字组成，在移液器容量范围内能连续调节，从上(最大数)到下(最小数)读取。一般移液器的型号即是其最大容量值。按钮向下压以及放的动作和速度要缓慢平稳。

操作：

(1)使用时将微量移液器刻度调整到需要量取的数值上，垂直安上相配套的吸头。

(2)将微量移液器按钮轻轻压至第一停点(或第一档，感觉有明显阻力)。

(3)垂直握持微量移液器，使吸头浸入液面以下几毫米，千万不要将吸头直接插到液体底部。

(4)缓慢、平稳地松开控制按钮，吸上样品液。否则液体进入吸头太快，导致液体倒吸入移液器内部，或吸入体积减小。

(5)等一秒钟后将吸头提离液面，并使吸头在容器壁擦过。

(6)平稳地把按钮压到第一停点将吸头内液体排入所需容器，再把按钮压至第二停点(第二档)以排出剩余液体。

(7)提起微量移液器，使吸头在容器壁擦过。

(8)然后按吸头弹射器将吸头(tip)打到废物杯中。

注意：

(1)未装吸头(tip)的微量移液器绝对不可用来吸取任何液体。

(2)一定要在允许范围内设定容量，千万不要将读数的调节超出其适用的刻度范围，否则会造成损坏。

(3)使用时不可猛吸猛排，以防溶液进入管腔内，影响密闭并造成污染。

(4)不要横放带有残余液体吸头的移液器，以防液体进入管腔内。

(5)不要用大量程的移液器取小体积样品。

(6)微量移液器每日用完后，应旋转到最大刻度，让弹簧恢复原形，保持弹性。

(7)为了确保微量移液器的准确性，移液器必须定期进行校准。

11. 离心机的使用：离心机应放置在平稳、坚固的台面上。使用前先要了解各种离心机的性能，搞清打开离心机的方式。尽量缩短开盖的时间，并注意保持离心管放置位置的对称以及离心管中样品的平衡，最后要拧紧盖好离心机内部的盖子以及外面的盖子，再启动离心。否则会损坏仪器。

此外应注意离心管在离心机内的放置方向，使离心管有管柄的一侧朝外放置。离心过程中不可开启离心室的盖子，如发现异常现象，如不正常的噪声及振动，应立即停机检查，未找出原因前不得继续运转。

注意：

离心机都有最高转速限制，不同的转子的最高转速不同，转子越小最高转速越高，注意不要超过最高转速。离心完后一定要把转子卸下，擦干离心机内的水滴（或将盖子打开），然后关机。

12. 电子天平的使用。

(1)开机：接上电源线，插入 220 V 电源。打开电源开关，最后显示 0.00(或 0.0)。

(2)校准：按一下去皮键，显示 000.00g，再按校准键 3s，显示“－CAL－”，稍后即显示闪烁的 300 g，放上 300 g 砝码，显示变为“－－－－－－”，约 30 s 后，显示稳定的砝码值 300 g，取下砝码，显示 0.00 g，校准结束。如仍有误差，可重复校准，直到准确为止。

(3)称量操作：开机预热稳定或校准后，显示 0.00 g(0.0 g)。然后将称量物置于秤盘上，即显示该物的质量。

(4)去皮重：将容器置于秤盘上，天平显示容器质量。按“去皮”键，天平显示 0.00 g(或 0.0 g)即已去皮。

(5)称量：将物品置于容器中，即显示称物的重量。

(6)超重报警：当被称物超过最大称量值的 5%，天平会显示“OL”表示过载，应立即减少称物，否则会损坏仪器。

注意：

(1)在天平的最大称量范围内使用，不可超载以免损坏天平。

(2)天平应放在无振动、无空气对流以及无阳光照射处，使用前须先调节水平仪气泡至中央位置。

(3)称量挥发和具有腐蚀性的物品时，要放在容器中，以免腐蚀和损坏电子天平。若有液体滴入称盘中，立即用吸水纸轻轻吸干，不可用抹布等粗糙物擦拭。

(4)使用完毕后，应及时关闭电源，并保持仪器的洁净。

(5)经常对电子天平进行校准，一般 3～6 个月校准一次，保证其处于最佳状态。

13. pH 仪的使用。

(1)打开电源，取下电极头上的电极缓冲液的帽子，用双蒸水冲洗电极，擦干。

(2)将电极放入标准液(如 pH 7.00),按校准键(Cal),得到当时室温下的读数(pH 7.00)。

(3)用双蒸水冲洗电极、擦干后,放入另一种标准液(如 pH 4.00 左右),按校准键(Cal),得到当时室温下的读数(pH 4.00 左右)。

(4)用双蒸水冲洗电极、擦干后,放入待调 pH 的样品液中,按读数键(Read)。

(5)加酸碱样品 pH 至所需位点。

(6)最后用双蒸水冲洗电极,擦干后,将电极插入地阿基缓冲液帽子中,关闭电源。

注意:

酸碱溶液不要直接滴在电极头上,以免损伤电极。用毕后,必须将电极浸在电极缓冲液中。

14. 紫外分光光度计的使用。

(1)打开分光光度计的电源开关,预热仪器 15 min,备用。

(2)取出比色杯,用蒸馏水漂洗后,倒置于纸巾上数秒以吸干水分。

(3)向比色杯中加入对照,用试镜纸擦净比色杯的透光面,将比色杯置于分光光度计中,选择测定的波长和方式,调零。

(4)向比色杯中加入待测样品,用试镜纸擦净比色杯的透光面,将比色杯置于分光光度计中,测定一定波长下的样品的吸光度。

15. 微波炉内不可使用金属容器,瓶盖必须松开,不要空载运行微波炉。加热时要注意观察,千万不要让溶液沸腾溢出,加热后应戴手套取出瓶子,务必轻轻摇晃,严防爆炸和烫伤。

16. 在使用紫外线观察时,不要用眼睛直视 UV,应隔着玻璃挡板使用,完毕后立即关灯,务必戴手套操作,以防溴化乙啶的污染。

17. 电泳的电源供应有高压,切勿接触电极或电泳槽内的溶液,湿手切勿开启电源。

18. 配制药品取试剂时,所用的药匙不能混用,否则会造成药品污染。

19. 实验过程中应做好每个样品的标记工作,如样品的名称、保存的时间,且一般在 Eppendorf 管上用记号笔做标记时,应在两处重复做好标记。

20. 超净台内的乙醇及易燃物要远离火焰,万一着火,应保持镇定,沉着处理。乙醇或乙醚等着火时,应使用湿毛巾等物品覆盖,勿使用水泼。

附录 4
实验仪器

实验仪器的数量以 30 个人一个班，2 个人一组进行实验所计。

仪　　器	需要数量
空调	2 台
低温台式离心机(Eppendorf centrifuge 5417R)30 孔	2 台
台式离心机(Eppendorf centrifuge 5415)24 孔	3 台
落地式高速离心机	1 台
全自动高压蒸汽消毒锅	1 台
PCR 仪器(Eppendorf mastercycler gradient)98 孔	1 台
电子秤(Mettler Toledo PB2002-N Max2 100g)	1 台
电子秤(Mettler Toledo AB204-E 0.1 mg)	1 台
DNA 电泳仪、电泳槽、制胶板	5 套
微量移液器 2～20 μL、20～200 μL、100～1 000 μL	各 15 支
微量移液器 5 000 μL	2 支
DNA 电泳凝胶成像系统	1 台
紫外投射反射分析仪	1 台
16℃恒温水浴	1 台
制冰机(AF-200)2 kW	1 台
超净台(带紫外灯)	2 台
生化培养箱	3 台
冰箱(四星级)	3 台
核酸转移装置	5 个
蛋白质电泳仪器、电泳槽、制胶板	5 套
pH 计(Mettler)	1 台

续 表

仪　　器	需要数量
纯水器(双蒸水制备用)	1 套
微波炉	2 台
干燥箱	2 台
水浴锅	3 台
水浴摇床	1 台
恒温摇床	3 台
超声波清洗机	1 台
漩涡混合器	8 个
台式脱色摇床	5 台
紫外分光光度计(微量)	1 台
Western 转移装置	5 套
核酸杂交仪	2 台
超声波破碎仪	2 台
塑料热封口器	1 台
−80℃冰箱	1 台
电脑	1 台

附录 5

大肠杆菌基因型

基因型	说　　明
hsd R	编码Ⅰ类限制酶 *Eco*K 一个亚基的基因，*hsd* R^- 菌株可使 DNA 甲基化，但不限制外源 DNA，有利于非甲基化 DNA 的有效转化
hsd M	编码可使 *Eco*K 限制酶切位点和甲基化的甲基化酶亚基基因
hsd S	*hsd* S 菌株为限制性酶和甲基化酶的双缺陷型
mcr A	^{m}CG 序列的甲基化活性缺失，有利于甲基化 DNA 的有效转化
mcr B,C	C^{m}G 序列的甲基化活性缺失
mrr	^{m}A 以及^{m}C 序列的甲基化活性缺失
lac Z′	编码 β-半乳糖苷酶 N 端部分，即 α 片段
lac ZΔ M15	编码缺失第 11—41 位氨基酸的无酶活性的 β-半乳糖苷酶的 ω 片段。许多载体编码的 β-半乳糖苷酶的 α 片段可以与 *lac* ZΔ M15 产物的 ω 片段结合，形成有酶学活性的蛋白质
end Al	无核酸内切酶Ⅰ酶活性，有利于质粒转化
rec Al	相同的 DNA 重组活性缺失，减少克隆 DNA 的非特异性重组
rec B,*rec* C	缺失了核酸外切酶Ⅴ的核酸外切酶活性和重组活性。*rec* B,*rec* C 菌株中的同源重组明显减少。反向重复序列在 *rec* B,*rec* C 菌株中的稳定性增强，特别是同时也为 *sba* B,*sbc* C 型时，质粒复制可能有所变化
rec D	缺失了核酸外切酶Ⅴ的外切酶活性，但重组活性增强。Λ 基因中的反向重复序列能在 *rec* D 菌株中复制传播。另外，质粒复制可能有所变化
deo R	可以高效吸收大片段 DNA，有利于文库的构建
*DE*3	编码 T_7RNA 聚合酶，用于诱导 T_7-启动的系统的表达
rec F	去除了质粒之间的同源重组功能
Opm T	表明大肠杆菌缺乏外膜蛋白质酶。这类菌株可以降低表达的外源蛋白质在细菌中被降解的程度，有利于获得完整的重组蛋白质
pLys	含编码 T_7 溶菌酶的质粒，通过抑制 T_7RNA 聚合酶的基础水平来降低 T_7 启动的表达体系的基础表达水平

续 表

基因型	说　明
arg F	由于突变细菌不能利用精氨酸
lac Ⅰ	编码 *lac* 阻遏蛋白，*lac* Ⅰ[q]的突变可增加细胞内 *lac* 阻遏蛋白的产量，更加彻底地关闭 *lac* 启动子启动的基因表达。只有加入 IPTG 才可能诱导启动乳糖操纵子
dam/*dcm*	消除了内源腺苷和鸟苷的甲基化，在这类细菌中繁殖的 DNA 不被甲基化
lon	分解异型蛋白质的 ATP 依赖性蛋白分解酶活性缺失，缺失了降解异常蛋白质的蛋白质酶活性。一些真核蛋白质在 *lon* 菌株中很稳定
omp	膜结合性蛋白分解酶活性缺失，抑制表达的融合蛋白质的分解
*sup*E	发生变异，即使存在停止密码 UAG，此处也会插入谷氨酰胺，使蛋白质的合成继续
*sup*F	发生变异，即使存在停止密码 UAG，此处也会插入酪氨酸，使蛋白质的合成继续
*rps*L	由 30S 核糖体蛋白变异而获得链霉素抗性(str^r)
gyrA	由 DNA 回旋酶亚基 A 的变异而获得萘啶酸抗性(nal^r)
*Tn*5	卡那霉素抗性(kan^r)
*Tnl*10	四环素抗性(tet^r)
*leu*B	在最小培养基中必须添加亮氨酸
*pro*AB	脯氨酸代谢基因变异，在最小培养基中必须添加脯氨酸
thi-1	硫胺素代谢基因变异，在最小培养基中必须添加硫胺素

附 录 6

培养基与试剂的配制

一、培养基

1. LB 培养基：1％胰化蛋白胨（typtone）、0.5％酵母提取物（yeast extract）、1％NaCl。即 10 g 胰化蛋白胨、5 g 酵母提取物，10 g 氯化钠溶解在 950 mL 水中，用 1 mol/L NaOH（约 1 mL）调整 pH 至 7.2，再补足水至 1 L。固体培养基在 LB 培养基中添加 1.5％～2.0％琼脂，121℃灭菌 20 min 备用。

2. 2×LB：2％胰化蛋白胨、1％酵母提取物、2％氯化钠、用 NaOH 调 pH 7.2，高压灭菌。

3. 2×LB-甘油：175 mL 2×LB 液体；25 mL 甘油，高压灭菌，置于 4℃备用。

4. LB 半固体培养基：LB 培养基、0.7％琼脂糖。

5. 含 Amp 的 LB 固体培养基：将配好的 LB 固体培养基高压灭菌后冷却至 60℃左右，加入 Amp 储存液，使终质量浓度为 100 μg/mL，摇匀后铺板。

6. 含 X-gal 和 IPTG 的筛选培养基：在事先制备好的含 100 μL/mL Amp 的 LB 平板表面加 40 μL 的 2％X-gal 储存液和 20 μL 的 100 mmol/L IPTG 储存液，用无菌玻璃棒将溶液涂匀。

7. NZYM 培养基：1％ NZ a mine Type A、0.5％NaCl、0.5％酵母提取物、0.2％ $MgSO_4$、pH 7.5。即 10 g NZ a mine Type A、5 g NaCl、5 g 酵母提取物、2 g $MgSO_4$ 溶解在 950 mL 水中，用 1 mol/L NaOH 调整 pH 至 7.0，再补足水至 1 L。NZM 培养基除不含酵母粉外，其他成分同 NZYM 培养基。

8. SOB 培养基：2％胰化蛋白胨、0.5％酵母提取物、10 mmol/L NaCl、2.5 mmol/L KCl。即 20 g 胰化蛋白胨、5 g 酵母提取物、0.6 g 氯化钠、2.5 mL 1 mol/L 氯化钾，用水补足体积到 1 L。分成 100 mL 的小份，高压灭菌。培养基冷却至室温后，再在每 100 mL 的小份中加入 1 mL 灭过菌的 1 mol/L 氯化镁。

9. SOC 培养基：SOB 培养基、20 mmol/L 葡萄糖。即 99 mL SOB 培养基中加入 1 mL 灭菌的 2 mol/L 葡萄糖。

10. TB 培养基：12 g 胰化蛋白胨、24 g 酵母提取物、4 mL 甘油，溶解在 0.9 L 水中，各组分溶解后高压灭菌。冷却到 60℃，再加 100 mL 灭菌的 170 mmol/L KH_2PO_4、0.72mol/L KH_2PO_4 的溶液（2.31 g KH_2PO_4 和 12.54 g KH_2PO_4 溶在足量的双蒸水中，使终体积为 100 mL）。高压灭菌或用 0.22 μm 的滤膜过滤除菌。

11. 2×YT 培养基：16 g 胰化蛋白胨、10 g 酵母提取物、5 g 氯化钠溶解在 0.9 L水中，用 1 mol/L NaOH（约 1 mL）调整 pH 至 7.0，再补足水至 1 L。注：琼脂平板需添加琼脂粉 12 g/L，上层琼脂平板添加琼脂粉 7 g/L。

12. YPD 培养基：2%胰化蛋白胨、1%酵母提取物、2%葡萄糖。即 20 g 胰化蛋白胨、10 g 酵母提取物、20 g 葡萄糖，用水补足体积为 1 L 后，高压灭菌。建议在高压灭菌之前，对色氨酸营养缺陷型每升培养基添加 1.6 g 色氨酸，因为 YPD 培养基是色氨酸限制型培养基。为了配制平板，需要在高压灭菌前加入 20 g 琼脂粉。

13. YPDS：2%胰化蛋白胨、1%酵母提取物、2%葡萄糖、1 mol/L 山梨醇、2%琼脂糖。

二、常用储液与溶液

1. 10 mg/mL 牛血清白蛋白（BSA）：加 100 mg 的牛血清蛋白（组分 A 或分子生物学试剂级，无 DNA 酶）于 9.5 mL 水中，盖好盖后，轻轻摇动，直至牛血清白蛋白完全溶解为止。不要旋涡混合。加水定容至 10 mL，然后分装成小份储存于 −20℃。

2. $CaCl_2$ 溶液（转化用）：60 mmol/L $CaCl_2$、15% 甘油。即 4.41 g $CaCl_2$、75 mL甘油，调 pH 至 7.2，灭菌后 4℃保存。

3. CTAB/NaCl：10%十六环基三甲基溴化铵（CTAB）、0.7mol/LNaCl。即溶解 10 g CTAB，4 g NaCl 于 100 mL 水中。

4. 2×抽提缓冲液：0.6 mol/L NaCl、100 mmol/L Tris-HCl（pH 7.5）、40 mmol/L EDTA（pH 8.0）、1% SDS。

5. 1×抽提缓冲液：0.5%的 2×抽提缓冲液、5 mol/L 尿素、10 mmol/L 巯基乙醇、5%苯酚。（1×抽提缓冲液使用前配制）

6. DEPC(焦糖酸二乙酯)处理水：0.1%DEPC、水。即加1 mL DEPC于1 L水中。在37℃温浴至少12 h，然后再15 *psi*条件下高压灭菌20 min，以使残余的DEPC失活。DEPC会与胺起反应，不可用DEPC处理Tris缓冲液。

7. DNA抽提缓冲液：150 mmol/L NaCl、10 mmol/L Tris-HCl(pH 8.0)、10 mmol/L EDTA(pH 8.0)，0.1% SDS。(SDS分开灭菌、冷却后加入)

8. 1 mol/L二硫苏糖醇(DTT)：在二硫苏糖醇5 g的原装瓶中加32.4 mL水，分成小份储存于−20℃。或转移100 mg的二硫苏糖醇至微量离心管，加0.65 mL的水配制成1 mol/L二硫苏糖醇溶液。

9. 0.5 mol/L EDTA(pH 7.6)：称取186.12 g的$Na_2EDTA \cdot 2H_2O$和20 g的NaOH溶于800 mL水中，用固体NaOH调整pH至8.0，定容至1 L。

10. 分离缓冲液：10 mmol/L Tris-HCl(pH 7.4)、10 mmol/L NaCl、25 mmol/L EDTA。

11. Folin-酚试剂：含有甲、乙两种试剂。

试剂甲由3种溶液配制而成：①2% Na_2CO_3、0.4% NaOH；②1%硫酸铜溶液；③2%酒石酸钾钠。临用前将②和③等体积混合，然后再将其与①溶液按1∶50的比例混合，放置30 min后使用。试剂甲一天内有效。

试剂乙：称100 g钨酸钠，25 g钼酸钠，置于2 L的回流装置内，加700 mL蒸馏水，50 mL磷酸和100 mL盐酸，充分混匀溶解后，以小火回流10 h，再加150 g硫酸锂，50 mL蒸馏水以及数滴液溴。开口煮沸15 min，除去多余的溴。冷却后定容至1 000 mL，过滤，溶液为黄绿色，置于棕色试剂瓶中保存。使用时用标准NaOH溶液滴定，以酚酞为指示剂，用水稀释，使其酸度为1 mol/L。

12. 革兰氏阴性溶菌缓冲液(Gram-lysing buffer)：上样缓冲液(4∶1)混合液(200 μL)：160 μL/40 μL。

13. GTE溶液：50 mmol/L葡萄糖、25 mmol/L Tris-HCl(pH 8.0)、10 mmol/L EDTA(pH 8.0)。

14. 1 mol/L HCl：加8.6 mL的浓盐酸至91.4 mL的水中。

15. 1 mol/L HEPES：将23.8 g HEPES溶于约90 mL水中，用NaOH调pH(6.8～8.2)，然后用水定容至100 mL。

16. 100 mmol/L IPGT储存液：溶解238.3 mg的IPGT(异丙基硫代-β-D-半乳糖苷)于10 mL水中，分成小份储存于−20℃备用。

17. 2 mol/L KCl：溶解 37.28 g KCl 于 250 mL 水中。

18. 10 mg/mL 溶菌酶（lysozyme）：用 10 mmol/L Tris-HCl（pH 8.0）溶液配制，并分成小份保存于－20℃。

19. 20 mmol/L 磷酸盐缓冲液储存液：称取 121.7 g NaH_2PO_4 和 173.2 g Na_2HPO_4 溶于去离子水中，定容至 1 000 mL，调节 pH 7.0。

20. 裂解缓冲液：10 mmol/L Tris-HCl（pH 7.4）、10 mmol/L NaCl、1 mmol/L 柠檬酸钠、1.5% SDS。

21. 考马斯亮蓝染料溶液：100 mg 考马斯亮蓝 G-250 溶于 50 mL 95%乙醇，加入 100 mL 磷酸，然后用水定容至 1 L，用 Whatman 1 号滤纸过滤，于 4℃保存。

22. 1 mol/L $MgSO_4$：溶解 12 g $MgSO_4$ 于足量水中，定容至 100 mL。

23. 1 mol/L $MgCl_2$：溶解 20.3 g $MgCl_2 \cdot 6H_2O$ 于足量水中，定容至 100 mL。

24. 10%麦芽糖：10 g 麦芽糖溶解于水中，定容至 100 mL。

25. 3 mol/L NaAc（pH 5.2）：80 mL 水中溶解 40.81 g $NaAc \cdot 3H_2O$，用冰醋酸约 11.4 mL 调 pH 至 5.2，加水定容至 100 mL，分装后高压灭菌。

26. 2 mol/L NaAc（pH 4.0）：30 mL 水中溶解 27.22 g $NaAc \cdot 3H_2O$，用冰醋酸约 56 mL 调 pH 至 4.0，加水定容至 100 mL，分装后高压灭菌。

27. 5 mol/L NaCl：80 mL 水中溶解 29.2 g 氯化钠，定容至 100 mL。

28. 0.15 mmol/L NaCl（即 0.9% NaCl 溶液）。

29. 1 mol/L $Na_2HPO_4 \cdot H_2O$：溶解 13.8 g $Na_2HPO_4 \cdot H_2O$ 100 mL 水中。或溶解 26.8 g $Na_2HPO_4 \cdot 7H_2O$ 于 100 mL 水中。

30. 5 N NaOH：溶解 20 g 氢氧化钠颗粒于约 90 mL 水的烧杯中，待完全溶解后用水定容至 100 mL，储存于塑料瓶。

31. 1 mol/L 醋酸铵（NH_4Ac）：用 300 mL 水溶解 38.5 g NH_4Ac，补足至500 mL。

32. 20% PEG 8000/2.5 mol/L NaCl：20 g 聚乙二醇、14.6 g NaCl，补足 100 mL，用磁力搅拌器搅拌溶解。

33. 10 mg/mL 蛋白酶 K（proteinase K）：将 100 mg 蛋白酶 K 加入到9.5 mL 灭菌后的去离子水中，轻轻摇动，直至蛋白酶 K 完全溶解（不要旋涡混合），加水定容至 10 mL，然后分装成小份储存于－20℃。

34. 10×PBS 溶液：8% NaCl、0.2% KCl、0.29% $Na_2HPO_4 \cdot 12H_2O$、0.2%

KH_2PO_4。即 80 g NaCl、2 g KCl、2.9 g $Na_2HPO_4 \cdot 12H_2O$、2 g KH_2PO_4 用水定容至 1 L，灭菌后 4℃保存。

35. 100 mmol/L PMSF：溶解 174 mg PMSF（苯甲基磺酰氟）于足量的异丙醇中，定容至 10 mL。分成小份并用铝箔将装液管包装或储存于−20℃。

36. 原生质体缓冲液（细胞破碎法快速检测质粒 DNA 用）：30 mmol/L Tris-HCl（pH 8.0）、5 mmol/L EDTA、50 mmol/L NaCl、20% 蔗糖、50 μg/mL RNase Ⅰ、50 μg/mL 溶菌酶。即 1 mol/L Tris-HCl（pH 8.0） 30 μL，25 mol/L EDTA 20 μL，5 mol/L NaCl 10 μL，10 mg/mL RNase Ⅰ 5μL，10 mg/mL 溶菌酶 5 μL，21%蔗糖 940 μL。

37. 原生质体缓冲液、溶菌酶和 RNA 酶混合液：原生质体缓冲液（细胞破碎法快速检测质粒 DNA 用）1 mL 左右，10 mg/mL RNA 酶 1～2 μL，用牙签尖取少许溶菌酶。

38. 2 mol/L 葡萄糖：溶解 18 g 葡萄糖到足够水中，再用水补足到 50 mL，用 0.22 μm 滤膜过滤除菌。

39. 1 mg/mL RNase A：10 mg RNA 中加 100 μL 1 mol/L Tris-HCl（pH 7.5），30 μL 5 mol/L NaCl，加水至 10 mL，在 100℃保温 15 min，使酶失活。然后室温条件下缓慢冷却，用 Eppendorf 管分装成保存于−20℃。

40. 10% SDS（十二烷基硫酸钠）：称取 100 g SDS 慢慢转移到约含 0.9 L 水的烧杯中，用磁力搅拌器搅拌直至完全溶解。浓盐酸调 pH 至 7.2 后定容至 1 L。

注意：

SDS 粉末很轻，飞扬起来很容易吸入肺部，在肺泡溶解产生界面活性的作用，使得肺部细胞无法进行氧分子交换，故秤取时务必戴口罩。

41. SM：20 mmol/L Tris-HCl（pH 7.5）、100 mmol/L NaCl、10 mmol/L $MgSO_4 \cdot 7H_2O$。即 10 mL 2 mol/L Tris-HCl、2.46 g $MgSO_4 \cdot 7H_2O$、5.84 g NaCl，加水定容至 1 L。

42. 20×SSC：3 mol/L NaCl、0.3 mol/L 柠檬酸钠。即溶解 88.2 g $Na_3Citrate \cdot 2H_2O$（Mr=294.1），175.3 g 氯化钠于约 0.9 L 水中，加约 0.2 mL 的 5N HCl 溶液调 pH 为 7.4，定容至 1 L。

43. STET：0.1 mol/L NaCl，10 mmol/L Tris-HCl（pH 8.0），10 mmol/L EDTA（pH 8.0），5% Triton X-100。

44. 10 mg/mL 鲑鱼精子(salmon sperm)DNA。

45. 1 mol/L 山梨醇溶液。

46. TE 缓冲液(用于悬浮和储存 DNA):10 mmol/L Tris-HCl(pH 8.0)、1 mmol/L EDTA。即 1 mL 1 mol/L Tris-HCl(pH 7.6～8.0),200 μL 0.5 mol/L EDTA(pH 8.0),用水补足 100 mL。

47. 0.1 mol/L TE-LiAc:10 mmol/L Tris-HCl(pH 7.5),1 mmol/L Na_2EDTA,0.1 mol/L 醋酸锂。

48. TEMED 存放在 4℃冰箱。

49. 1 mol/L Tris-HCl(pH 7.6):800 mL 水溶解 121.1 g Tris,加 60 mL 浓盐酸(如果是 pH 7.4,则加 70 mL 盐酸),用水定容至 1 L,灭菌备用。

50. 0.5 mol/L Tris-HCl(pH 8.0):800 mL 水溶解 60.57 g Tris,加 20 mL 浓盐酸,用水定容至 1 L,灭菌备用。

51. TSB(transformation and storage buffer):LB 培养基(pH 6.5)、10% PEG(6000)、10 mmol/L $MgCl_2$、10 mmol/L $MgSO_4$、5% DMSO(DMSO 使用时添加),4℃下保存。

52. 2% X-gal(5-溴-4-氯-3-吲哚-β-半乳糖苷):溶解 20 mg 的 X-gal 于 1 mL 的二甲基甲酰胺(DMF)或二甲基亚砜,用铝箔或黑纸包裹装液管以防止受光照破坏,储存于－20℃。

53. 80%甘油(glycerol):将 80 mL 的甘油加水补足至 100 mL。

54. 溶液Ⅰ:50 mmol/L 葡萄糖、25 mmol/L Tris-HCl(pH 8.0)、10 mmol/L EDTA。即 0.9 g 葡萄糖,2.5 mL 1 mol/L Tris-HCl(pH 8.0),2 mL 0.5 mol/L EDTA,定容至 100 mL,高压灭菌。

55. 溶液Ⅱ:0.2 mol/L NaOH、1% SDS。即 4 mL 5N NaOH,10 mL 10% SDS,定容至 100 mL。

56. 溶液Ⅲ:3 mol/L KAc(pH 4.8)。即 60 mL 5 mol/L KAc:11.5 mL 冰醋酸,H_2O 28.5 mL,定容至 100 mL,并高压灭菌。或 3 mol/L NaAc(pH 4.8),即 40.81 g NaAc・$3H_2O$,12.5 mL 冰醋酸,定容至 100 mL,高压灭菌。

57. 饱和酚(phenol):市售酚中含有醌等氧化物,这些产物可引起磷酸二酯键的断裂及导致 RNA 和 DNA 的交联,应在 160℃用冷凝管进行重蒸。重蒸酚加入 0.1% 的 8-羟基喹啉(作为氧化剂),并用等体积的 0.1 mol/L Tris-HCl(pH 8.0)缓冲液反复抽提使之饱和并使其 pH 达到 7.6 以上，因为酸性条件下 DNA 会分配于有机相。

58. 酸性水饱和酚（RNA 用）：重蒸酚用等体积的双蒸水反复抽提使之饱和，pH 达 5.0。

59. 酚∶氯仿∶异戊醇：按酚与氯仿∶异戊醇＝1∶1 的比例混合饱和酚与氯仿，即得酚∶氯仿∶异戊醇(25∶24∶1)。酚和氯仿均有很强的腐蚀性，操作时应戴手套。

60. 氯仿：按氯仿∶异戊醇＝24∶1 体积比加入异戊醇。氯仿可使蛋白质变性并有助于液相与有机相的分开，异戊醇则可起消除抽提过程中出现的泡沫。

61. 消化缓冲液：100 mmol/L NaCl、10 mmol/L Tris-HCl（pH 8.0）、25 mmol/L EDTA（pH 8.0）、0.5% SDS、0.1 mg/mL 蛋白酶 K（临用前添加）。

62. 原生质体缓冲液：15 mmol/L Tris-HCl（pH 8.0）、0.45 mol/L 蔗糖、8 mmol/L EDTA（pH 8.0），即 15.4 g 蔗糖，1.5 mL 1mol/L Tris-HCl（pH 8.0），1.6 mL 0.5 mol/L EDTA，定容至 100 mL。

63. 70%乙醇（DNA 用）：用灭过菌的水将乙醇调整至 70%。

64. 80%乙醇（RNA 用）：用 DEPC 处理水将乙醇调整为 70%。

三、染料、电泳缓冲液、凝胶加样液和杂交液

1. 1%溴酚蓝（bromophenol blue）：加 1 g 水溶性钠型溴酚蓝于 100 mL 水中，搅拌或旋涡混合直到完全溶解。

2. 1%二甲苯青 FF（xylene cyanole FF）：溶解 1 g 二甲苯青 FF 于足量水中，定容至 100 mL。

3. 5 mg/mL 溴化乙啶 EB（ethidium bromide）：小心称取 0.5 g 溴化乙啶，转移到广口瓶中，加 100 mL 水，用磁力搅拌器搅拌直到完全溶解。用铝箔包裹装液瓶，于 4℃储存。工作液 0.5 mg/L 水溶液。

（一）DNA 电泳

1. 50×Tris-乙酸（TAE）缓冲液：2 mol/L Tris 碱、1 mol/L 乙酸、50 mmol/L EDTA。即 242 g Tris 碱、57.1 mL 冰乙酸（17.4 mol/L）、100 mL 0.5 mol/L EDTA（pH 8.0）补足水至 1 L。

2. 10×Tris-硼酸(TBE):90 mmol/L Tris 碱、890 mmol/L 硼酸盐、20 mmol/L EDTA。即 108 g Tris 碱、55 g 硼酸、40 mL 0.5 mol/L EDTA(pH 8.0),定容至 1 L。

3. 10× Tris-磷酸(TPE):108 g Tris 碱、15.5 mL 85% 磷酸、40 mL 0.5M EDTA(pH 8.0)补足水至 1 L。

4. TBS 电泳缓冲液:100 mL TBE、0.5 mL 10%SDS。

5. 6×上样缓冲液:0.25% 溴酚蓝(BPB)、40% 蔗糖、10 mmol/L EDTA(pH 8.0)。即 2.5 mL 1% 溴酚蓝、2.5 mL 1% 二甲苯青 FF、4 g 蔗糖、补足水至 10 mL,4℃保存。

(二)RNA 电泳

1. RNA 标准相对分子质量(如 28 S 和 18 S rRNA 以及 9 S 兔 β-球蛋白 mRNA,其 RNA 大小为 6 333、2 366 和 710 个核苷酸)。

2. DEPC(焦炭酸二乙酯)处理水:0.1% DEPC,水。即加 1 mL DEPC 于 1 L 水中,使 DEPC 的体积分数为 0.1 %。在 37℃温浴至少 12 h,然后在 15 *psi* 条件下高压灭菌 20 min,以使残余的 DEPC 失活。DEPC 会与胺起反应,不可用 DEPC 处理 Tris 缓冲液。

3. 5×FGRB(formaldehyde gel-running buffer):100 mmol/L 3-(N-马啉代)-丙磺酸(MOPS,pH 7.0)、40 mmol/L 醋酸钠、5 mmol/L EDTA(pH 8.0)。即准确称取 20.93 g MOPS 用 DEPC 处理水溶解,再加入 13.3 mL 3 mol/L NaAc (pH 7.0)、10 mL 0.5 mol/L EDTA(pH 8.0),最后定容至 1 000 mL,过滤灭菌后避光保存(pH 7.3)。

4. RNA 上样缓冲液:50% 甘油、1 mmol/L EDTA(pH 8.0)、0.25% 溴酚蓝、0.25%二甲苯青 FF。即 2.5 mL 甘油、10 μL 0.5 mol/L EDTA (pH 8.0)、1.25 mL 1% 溴酚蓝、1.25 mL 二甲苯青 FF,用 EDPC 处理水定容至 5 mL,分装后保存于 −80℃。

5. RNA 胶(1%):1 g 琼脂糖加 62 mL DEPC 水,加热熔化后冷却至 60℃,再加 20 mL 的 5×FGRB 和 17.8 mL 37%甲醛,混匀后制胶。

6. 甲酰胺(去离子):将 10 mL 甲酰胺和 1 g 离子交换树脂混合,室温搅拌 1 h 后用 Whatman 滤纸过滤,等分成 1 mL 于−70℃保存。

7. 其他试剂:37%甲醛,80%乙醇(利用 DEPC 处理水配制)。

(三)蛋白质电泳

1. 蛋白质标准相对分子质量。

2. 10% 过硫酸铵(APS):1 g APS 加 ddH_2O 至 10 mL。使用时尽量现配用,4℃存放则两周内用完,最多不能超过一个月。-20℃可存两个月,但一旦解冻后尽快用完。

3. TEMED 和 DTT 存放于 4℃冰箱。

4. 30%胶母液(Acr-Bis):30% Acr、0.8% Bis。即 Acr 30 g、Bis 0.8 g 加双蒸水定容至 100 mL,在通风柜中搅拌完全溶解。可于 4℃存放数月。

5. 分离胶缓冲液(pH 8.8):3.0 mol/L Tris。即 Tris 36.3 g 溶于 50 mL 双蒸水,加盐酸调 pH 至 8.8,用双蒸水定容至 100 mL。

6. 浓缩胶缓冲液(pH 6.8):1.0 mol/L Tris。即 Tris 12.10 g 溶于 50 mL 双蒸水,加盐酸调 pH 至 6.7,用双蒸水定容至 100 mL。

7. 10×电极缓冲液:50 mmol/L Tris、384 mmol/L 甘氨酸、1% SDS。即 Tris 6 g、甘氨酸 28.8 g、SDS 10 g、pH 调至 8.3,定容至 1 L。

8. 4×SDS 上样缓冲液:0.2 mol/L Tris-HCl(pH 6.8)、8% SDS、0.04% 溴酚蓝、40%甘油、400 mmol/L DTT(或 8% β-巯基乙醇),4℃保存。

9. 2×SDS 上样缓冲液:0.1 mol/L Tris-HCl(pH 6.8)、4% SDS、0.02%溴酚蓝、20%甘油、200 mmol/L DTT(或 4% β-巯基乙醇),4℃保存。

10. 染色液:1.0 g 考马斯亮蓝 R-250、500 mL 甲醇、100 mL 冰醋酸、定容至 1 L。

11. 脱色液:50 mL 甲醇、75 mL 冰醋酸,定容至 1 L。

四、印迹试剂

(一)DNA 印迹

1. 变性溶液:0.5 mol/L NaOH,1.5 mol/L NaCl。即溶解 40 g NaOH、175.3 g NaCl 于 900 mL 水中,定容至 1 L。

2. 中性溶液:0.5 mol/L Tris-HCl(pH 7.4)、1.5 mol/L NaCl。即 121.1 g Tris、175.3 g NaCl 以及 77 mL HCl,定容至 1 L。

3. 20×SSC：3 mol/L NaCl 、0.3 mol/L 柠檬酸钠。即溶解 88.2 g 柠檬酸钠·$2H_2O$（Mr=294.1），175.3 g 氯化钠于约 0.9 L 水中，加约 0.2 mL 5 mol/L HCl 溶液调 pH 至 7.4，定容至 1 L。

4. 2×SSC：加 50 mL 20×SSC 到 450 mL 水中，用 1 mol/L HCl 溶液调 pH 为7.4。

5. 六核苷酸混合物：10×浓缩六核苷酸反应混合物。

6. dNTP 标记混合物：10×dNTP 标记混合物，其中包含 1 mmol/L dATP、1 mmol/L dGTP、1 mmol/L dCTP、0.65 mmol/L dTTP、0.35 mmol/L DIG-11-dUTP，pH 7.5。

7. 抗地高辛-碱性磷酸酶连接物：与碱性磷酸酶连接的多克隆抗地高辛的绵羊 Fab 抗体，4℃保存。

8. 50×Denhardt's 液：1% PVP-360（聚乙烯吡咯烷酮）、1% Ficoll 400（聚蔗糖）、1% BSA（牛血清蛋白组分 V）。即 1 g 聚蔗糖、1 g 聚乙烯吡咯烷酮、1 g BSA、加水至总体积为 100 mL，过滤除菌及杂质，分装成小份于－20℃保存。

9. 地高辛 DNA 标记和检测试剂盒应存放在－20℃冰箱中。

10. 预杂交液：DIG Easy Hyb。

11. 杂交液：预杂交液，标记后的变性的探针。

12. 2×洗膜缓冲液：2×SSC、0.1% SDS。

13. 0.5×洗膜缓冲液：0.5×SSC、0.1% SDS。

14. 马来酸缓冲液：0.1 mol/L 马来酸、0.15 mol/L NaCl。即溶解 5.8 g 马来酸，4.38g NaCl 于 400 mL 水中，用固体 NaOH 调 pH 至 7.5，定容至 500 mL。

15. 洗液：马来缓冲液、0.3% Tween-20。即在 500 mL 马来缓冲液中添加 1.5 mL Tween-20。

16. 检测缓冲液：0.1 mol/L Tris-HCl(pH 9.5)、0.1 mol/L NaCl。即溶解60.6 g Tris碱，29.2 g NaCl 到 900 mL 水中，用 12 N HCl 调整 pH 至 9.5，定容至 1 L。

17. 10×封闭液：10%封闭剂溶解于马来缓冲液。即取 5 g 封闭剂溶解到 50 mL马来缓冲液（65℃加热），未打开保存在室温，打开后应分装，并保存在 4℃1 个月。

18. 1×封闭液：稀释 10×封闭液至 1×封闭液（现配现用）。

19. 抗体溶液：将 anti-Digoxigenin-AP（瓶 8）在 10 000 rpm 离心 5 min，取上清

液，用 1×封闭液按 1∶5 000 稀释，现配现用，4℃保存 12 h。

20. 颜色底物溶液：将 500 μL 的 NBT/BCIP（瓶 9）添加到 25 mL 检测缓冲液中（避光保存）。

（二）RNA 印迹

1. DEPC 处理水：0.1% DEPC、水。

2. 0.5% SDS 溶液（利用 DEPC 处理的灭菌水配制）。

3. 80%乙醇（溶于 DEPC 处理的水中）。

4. 饱和 NaCl 溶液：40 g NaCl，溶于 100 mL DEPC 处理水中，搅拌至溶液透明。

5. 20×SSC：3 mol/L NaCl 、0.3 mol/L 柠檬酸钠。即溶解 88.2 g 柠檬酸钠 ·$2H_2O$（Mr=294.1），175.3 g 氯化钠于约 0.9 L 水中，加约 0.2 mL 5 mol/L HCl 溶液调 pH 至 7.4，定容至 1 L。

6. 50×Denhardt's 液：1% PVP-360（聚乙烯吡咯烷酮）、1% Ficoll 400（聚蔗糖）、1% BSA（牛血清蛋白组分 V）。即 1 g 聚蔗糖、1 g 聚乙烯吡咯烷酮、1gBSA、加水至总体积为 100 mL，过滤除菌及杂质，分装成小份于－20℃保存。

7. 预杂交液：50%甲酰胺、5×SSC、5×Denhardt's 液、1% SDS、100 μg/mL 鲑鱼精 DNA（用前加热变性后加入）。

8. 杂交液：DIG-DNA 变性探针用预杂交液稀释成适当质量浓度（5 ng/mL）。

9. 2×洗膜缓冲液：2×SSC、0.1% SDS。

10. 0.5×洗膜缓冲液：0.5×SSC、0.1% SDS。

11. 1 mg/mL 溴化乙啶。

（三）蛋白质印迹

1. 蛋白质电泳试剂。

2. 电转液：25 mmol/L Tris、192 mmol/L 甘氨酸、10%（V/V）甲醇。即 3 g Tris、14.4 g 甘氨酸、100 mL 甲醇，用水定容至 1 L。

3. 第一抗体（一抗）：鼠抗人 GM-CSF 单克隆抗体。

4. 第二抗体（二抗）：HRP 标记的羊抗鼠 IgG。

5. 10×PBS 溶液：8% NaCl、0.2% KCl、0.29% $Na_2HPO_4 \cdot 12H_2O$、0.2% KH_2PO_4。即 80 g NaCl、2 g KCl、2.9 g $Na_2HPO_4 \cdot 12H_2O$、2 g KH_2PO_4 用水定容至 1 L，灭菌后 4℃保存。

6. PBST：1×PBS、0.02% Tween-20。即 1 000 mL PBS 中添加 0.2 mL Tween-20。

7. 10×TBS：0.2 mol/L Tris-HCl(pH 7.5)、1.4 mol/L NaCl。即 24.2 g Tris，80 g NaCl 用水定容至 1 L，调整 pH 至 7.5。

8. TBST：1×TBS，0.05% Tween-20。即 1 000 mL TBS 中添加 0.5 mL Tween-20。

9. 封闭液：含 5%脱脂奶粉的 PBST 或 TTBS。即临用时取 200 mL PBST 或 TBST 加入 10 g 脱脂奶粉。

10. 显色液或发光液。

(四)等电聚焦(IEF)电泳

1. 胶母液：30%丙烯酰胺、1%甲叉双丙烯酰胺。

2. 电极液：阳极 1 mol/L 磷酸溶液，即 6.7 mL H_3PO_4(85%)，定容至 100 mL。阴极 1 mol/L 氢氧化钠，即 4 g NaOH，定容至 100 mL。

3. 固定液：35%(V/V)甲醇、10%三氯乙酸、3.5%磺基水杨酸。即三氯乙酸 3 g，磺基水杨酸 3.5 g、甲醇 35 mL，定容至 100 mL。

4. 染色液：35%乙醇、10%冰乙酸、0.1%考马斯亮蓝 R-250，溶解后过滤备用。

5. 脱色液：25%乙醇、10%冰乙酸。

6. 保存液：1～5 mL 甘油、乙醇 25 mL、冰乙酸 10 mL，加水定容至 100 mL。

7. 已知 pI 蛋白质样品：1 g/L 牛血清蛋白、1 g/L 糜蛋白酶元 A、1 g/L 肌红蛋白、1 g/L 卵清蛋白、标准等电聚焦样品。

8. 10%过硫酸铵，载体两性电解质(pH 3.5～10)，TEMED，液体石蜡，硅油。

(五)双向电泳

1. 裂解液 A：7 mol/L 尿素、2 mol/L 硫脲、4%(m/V)CHAPS、40 mmol/L Tris-碱、40 mmol/L DTT、2% Pharmalyte，pH 3～10。

2. 含10%三氯醋酸（TCA）和0.07% β-巯基乙醇（可用DTT代替）的丙酮溶液。

3. 含0.07% β-巯基乙醇的冰预冷丙酮。

4. 裂解液B：7 mol/L 尿素、2 mol/L 硫脲、4%（m/V）CHAPS、1%（m/V）DTT、0.5% CA和蛋白酶抑制剂混合物。

5. 低盐缓冲液：3 mmol/L KCl、1.5 mmol/L KH_2PO_4、68 mmol/L NaCl、9.0 mmol/L Na_2HPO_4。

6. 溶菌缓冲液：9 mol/L 尿素、4% CHAPS、2% IPG 缓冲液、40 mmol/L DTT、40 mmol/L Tris-碱（8 mol/L 尿素、4% CHAPS、40 mmol/L Tris、65 mmol/L DTE、微量溴酚蓝）。

7. 水化液：8 mol/L 尿素、2% CHAPS、15 mmol/L DTT 和 0.5% IPG 缓冲液。

8. 平衡缓冲液：50 mmol/L Tris-Cl，pH 8.8，6 mol/L 尿素、30%（m/V）甘油和2%（m/V）SDS。即180 g 尿素、150 g 甘油、10 g SDS 和 16.7 mL 分离缓冲液溶于去离子水中，最终体积补足至500 mL。此种缓冲液可于室温下保存两周。

9. 平衡缓冲液A：每10 mL 平衡缓冲液中加入100 mg DTT。

10. 平衡缓冲液B：每10 mL 平衡缓冲液中加入400 mg 碘乙酰胺。

11. 丙烯酰胺/甲叉双丙烯酰胺（30.8% T，2.6%C）：30%（m/V）丙烯酰胺和0.8%甲叉双丙烯酰胺的水溶液。将300 g 丙烯酰胺和8 g 甲叉双丙烯酰胺溶解于去离子水中，最后用去离子水将体积补足到1 000 mL。过滤后可于4℃保存。

12. 分离胶缓冲液[1.5 mol/L Tris-HCl，pH 8.6 和 0.4%（m/V）SDS]：90.85 g Tris 和 2 g SDS 溶于400 mL 去离子水中，用6N HCl 调节 pH 至8.6，最后用去离子水将体积补足至500 mL，加入50 mg 叠氮钠并过滤。此溶液可于4℃保存两周。

13. 10%（m/V）过硫酸铵溶液：1 g 过硫酸铵溶于10 mL 去离子水中。此溶液需使用前新鲜配制。

14. 覆盖液：混合20 mL 上述分离胶缓冲液和30 mL 异丁醇，等几分钟后去掉异丁醇层。

15. 取代液[50%（V/V）甘油和0.01%溴酚蓝水溶液]：混合250 mL 甘油（100%）250 mL 去离子水，再加入50 mg 溴酚蓝，搅拌几分钟。

16. 低熔点琼脂糖溶液：含有0.5%（m/V）低熔点琼脂糖的电极缓冲液。

17. SDS-PAGE分离胶：10%T、12.5%T或15%T的均匀胶，2.6%C，0.1% SDS、375 mmol/L Tris-HCl，pH 8.8。

18. 电泳缓冲液。

19. 固定液A：乙醇∶醋酸∶水＝40∶10∶50。

20. 固定液B：乙醇∶醋酸∶水＝5∶5∶90。

五、常用抗生素

1. 100 mg/mL 氨苄青霉素（ampicillin）：溶解1 g氨苄青霉素钠盐于足量的水中，最后定容至10 mL。分装成小份于−20℃储存。常以100 μg/mL的终质量浓度添加于生长培养基。

2. 50 mg/mL 羧苄青霉素（carbenicillin）：溶解0.5 g羧苄青霉素二钠盐于足量的水中，最后定容至10 mL。分装成小份于−20℃保存。常以50 μg/mL的终质量浓度添加于生长培养基。

3. 100 mg/mL 甲氧西林（methicillin）：溶解1 g甲氧西林钠于足量的水中，最后定容至10 mL。分装成小份于−20℃保存。常以37.5 μg/mL的终质量浓度与100 μg/mL氨苄青霉素一起添加于生长培养基。

4. 50 mg/mL 卡那霉素（kanamycin）：溶解0.5 g卡那霉素于足量的水中，最后定容至10 mL。分装成小份于−20℃保存。常以50 μg/mL的终质量浓度添加于生长培养基。

5. 30 mg/mL 氯霉素（chloramphenicol）：溶解0.3 g氯霉素于足量的水中，最后定容至10 mL。分装成小份于−20℃保存。常以25 μg/mL的终质量浓度添加于生长培养基。

6. 50 mg/mL 链霉素（streptomycin）：溶解0.5 g链霉素硫酸盐于足量的无水乙醇中，最后定容至10 mL。分装成小份于−20℃保存。常以50 μg/mL的终质量浓度添加于生长培养基。

7. 5 mg/mL 萘啶酸（nalidixic acid）：溶解50 mg萘啶酸钠盐于足量的水中，最后定容至10 mL。分装成小份于−20℃保存。常以15 μg/mL的终质量浓度添加于生长培养基。

8.20 mg/mL 四环素(tetracyyline):溶解 200 mg 四环素盐酸盐于足量的水中,或者将无碱的四环素溶于无水乙醇,最后定容至 10 mL。分装成小份用铝箔包裹装液管以免溶液见光,于−20℃储存。常以 20 μg/mL 的终浓度添加于生长培养基。

9. Zeocin:储存液 100 mg/mL;工作液 100 μg/mL 或 1 000 μg/mL。

10. 常用酸碱的浓度

溶液名称	相对浓度	质量分数/%	浓度/(mol/L)
冰醋酸(CH_3COOH)	约 17.4	90～100	17.4
盐酸(HCl)	1.19	36	11.6
磷酸(H_3PO_4)	1.71	85	14.6
硝酸(HNO_3)	1.40	70	15.7
硫酸(H_2SO_4)	1.84	95.6	18
氨水(NH_4OH)	0.90	28	14.8